乡村振兴 "三农"培训精品教材
RURAL REVITALIZATION

小麦
绿色生产技术

● 刘素花 李 振 李志丽 主编

U0306390

中国农业科学技术出版社

图书在版编目（CIP）数据

小麦绿色生产技术 / 刘素花，李振，李志丽主编 . -- 北京：中国农业科学技术出版社，2023.3（2025.1 重印）

ISBN 978-7-5116-6226-2

Ⅰ.①小…　Ⅱ.①刘…②李…③李…　Ⅲ.①小麦-栽培技术-无污染技术　Ⅳ.①S512.1

中国国家版本馆 CIP 数据核字（2023）第 042856 号

责任编辑	申　艳
责任校对	贾若妍　李向荣
责任印制	姜义伟　王思文

出 版 者	中国农业科学技术出版社
	北京市中关村南大街 12 号　　邮编：100081
电　话	（010）82106636（编辑室）　　（010）82109702（发行部）
	（010）82109709（读者服务部）
网　址	https://castp.caas.cn
经 销 者	各地新华书店
印 刷 者	北京中科印刷有限公司
开　本	140 mm×203 mm　1/32
印　张	5.75
字　数	140 千字
版　次	2023 年 3 月第 1 版　2025 年 1 月第 2 次印刷
定　价	38.00 元

前　　言

随着人们生活水平的不断提高以及食品安全意识的增强，越来越多的人对绿色食品更加青睐，对绿色食品的需要量也逐渐增加。小麦作为人们生活中的重要粮食之一，也需要注重绿色和安全生产。因此，提升广大农民小麦绿色生产技术水平，将科学性、规范性贯穿于小麦生产的各个过程，对促进优质小麦产业提质增效具有重要的意义。

本书结合近年来小麦绿色生产关键技术的最新科研成果，从小麦生物学特性、小麦种子选择与处理、小麦整地播种、小麦田间管理技术、小麦病虫草害绿色防治技术、小麦气象灾害应对技术、小麦收获与储藏方面进行了详细介绍，语言通俗易懂，技术科学先进，具有较强的可读性和实用性，非常适合小麦绿色种植技术人员和广大农民朋友参考学习。

由于编写时间仓促，作者水平有限，书中难免有不足之处，敬请广大读者批评指正。

编　者

2023 年 1 月 5 日

目　　录

第一章　小麦生物学特性

第一节　小麦的生长发育

一、小麦的生育期

小麦的一生是指小麦从种子开始萌发到产生新种子的过程。在整个生长发育过程中，植株的形态和生理特征发生显著变化，陆续形成小麦的根、茎、叶、穗、小花、籽粒等器官，并通过个体发育和群体发展形成产量。

小麦的生育期，是指从出苗至成熟所经历的天数。我国各麦区小麦生育期差异很大，可从春小麦的 100 天左右到冬性冬小麦的 300 多天。一般同一麦区冬性品种生育期较春性品种长，而在能正常成熟的前提下，同一麦区生育期长的品种产量潜力相对较高，调整播种期可控制其生育期长短，并对产量有较强的调控效应。

二、小麦的生育时期

在小麦生长发育过程中，新的器官不断形成，外部形态发生诸多变化。根据小麦器官形成的顺序和便于掌握的明显特征，小麦的一生可分为 12 个生育时期：出苗期、三叶期、分蘖期、越冬期、返青期、起身期、拔节期、孕穗期、抽穗期、开花期、灌浆期和成熟期。

各发育期的界定标准如下。

（一）出苗期

小麦的第一真叶露出地表 2~3 厘米时为出苗。田间有 50% 以上麦苗达到标准时的日期为该田块的出苗期。

（二）三叶期

田间 50% 以上的麦苗主茎第三片绿叶伸出 2 厘米左右时的日期为三叶期。

（三）分蘖期

田间有 50% 以上的麦苗第一分蘖露出叶鞘 2 厘米左右时为分蘖期。这个时期以营养生长为主，主要生长分蘖和根系，同时幼穗的小穗原基也在分化，是决定穗数和奠定大穗的重要时期。

（四）越冬期

冬麦区冬前平均气温稳定降至 0 ℃以下，麦苗基本停止生长，这段停止生长的时期称为越冬期。

（五）返青期

有越冬期的冬麦区翌年春季气温回升时，麦苗叶片由青紫色转为鲜绿色，部分心叶露头时，为返青期。

（六）起身期

翌年春季麦苗由匍匐状开始挺立，主茎第一叶叶鞘拉长并和年前最后叶叶耳距相差 1.5 厘米左右，茎部第一节间开始伸长但尚未伸出地面时，为起身期。

（七）拔节期

全田 50% 以上植株主茎第一节间露出地面 1.5~2 厘米时，为拔节期。以节间长出地面 2 厘米左右为拔节期的主要标志，进入拔节期后，分蘖迅速向有效分蘖和无效分蘖两极分化。从拔节期到抽穗前是小麦一生中生长速度最快、生长量最大的时期，穗、叶、茎等器官同时发育，叶面积及茎穗的长度和体积成倍或几十倍增长，干物质积累也进入迅速增长的阶段。

（八）孕穗期

全田 50% 的茎蘖旗叶叶片全部抽出叶鞘，旗叶叶鞘包着的幼穗明显膨大，旗叶与倒二叶的叶耳距离达 2~4 厘米时，为孕穗期。

（九）抽穗期

全田 50% 以上的麦穗（不包括麦芒）由叶鞘露出叶长的 1/2 时，为抽穗期。

（十）开花期

全田 50% 以上的麦穗中上部小花的内外颖张开、花药撒粉时，为开花期，一般在抽穗后 3~6 天。

（十一）灌浆期（乳熟期）

籽粒开始沉积淀粉，胚乳呈炼乳状，约在开花后 10 天，为灌浆期。灌浆期历时 20 天左右，是籽粒积累干物质最快的时期，积累量几乎呈直线增长，占总重量的 72%，千粒重日增 1~1.7 克，这是决定粒重的最重要时期。

（十二）成熟期

胚乳呈蜡状、籽粒开始变硬时，为成熟期，成熟期又可分为蜡熟期和完熟期。蜡熟期历时 3~5 天，含水量由 38%~40% 急剧下降为 22% 左右，籽粒由黄绿色变为黄色，胚乳由面筋状变为蜡质状，茎生叶基本变干，穗下节间呈金黄色，蜡熟末期千粒重达最大值，此时为最适收获期。接着含水量继续下降到 20% 以下，干物质停止积累，体积缩小，籽粒很快变硬，为完熟期。

三、小麦的阶段发育

小麦从种子萌发至结实成熟，完成一个生长周期。在这个周期中，在一定的温度、光照、水分、养分的综合作用下，小麦种子将依次产生一系列器官。相应地，在植物体内部发生着一个又一个的质变阶段。人们称这些质变过程叫阶段发育。在小麦每一个发育阶段中，有一个起主导作用的外界条件，其次是一些辅助作用因子。一方面，阶段发育具有一定的顺序性，当前一个发育阶段尚未完成，即使具备了下一个发育阶段所需的条件，下一个发育阶段也不能进行，必须等到前一个发育阶段完全结束，下一个发育阶段才能进行；另一方面，当某一个发育阶段正在进行中，外界作用因子中途消失，这个发育阶段就暂停下来，直至条件具备时再继续进行，决不会返回到前一个发育阶段上去，这就是阶段发育的不可逆性。小麦只有循序完成所有的发育阶段才能正常开花结实。在整个发育阶段中，以春化阶段和光照阶段最为重要。

（一）春化阶段

春化阶段是小麦的第一个发育阶段。它是在温、光、水及养分等条件综合作用下完成的，其中适宜的温度条件是主导因素。小麦在出苗后需要经历一段时间的低温条件，方能拔节形成结实器官，否则植株就永远处在分蘖状态，我们将这段低温时间称作春化阶段。不同的春性和冬性小麦品种通过春化阶段所需的温度及时间不同。春性小麦通过春化阶段的温度一般需要 5~10 ℃，历经 5~15 天，而冬性小麦通过春化阶段的温度为−1~10 ℃，历经 15~60 天。根据上述标准，可将小麦分作 3 类。

1. 春性小麦

通过春化阶段最适宜的温度为 0~12 ℃，需经 5~15 天。这类小麦对温度要求不严格。在我国南方秋播或晚秋播，在北方早春播种抽穗都很正常。有的春性品种，在高山夏季播种都能正常抽穗。

2. 半冬性小麦

通过春化阶段最适温度为 0~7 ℃，需经 15~35 天。这类小麦比春性小麦对温度的要求更严格，未通过春化的种子进行春播一般不能抽穗，有的即使抽穗也很晚或不整齐。

3. 冬性小麦

大多数冬性小麦通过春化阶段的最适温度为 0~5 ℃，需经 35~50 天。这类品种对温度很敏感。温度低于 0 ℃，春化速度减慢，至-4 ℃时小麦停止发育。而当温度高于 10 ℃时，春化阶段不再进行。这类小麦若进行春播则只分蘖不能拔节、抽穗。

除了温度条件外，小麦在通过春化阶段的过程中，光照、水分、养分及植株年龄也都起到一定的作用。

①光照。充足的阳光可以使小麦进行较强的光合作用，使植株在良好的营养状态下顺利地通过春化阶段。

②水分。小麦的春化阶段。只有在生长锥细胞分裂旺盛时才能正常进行。因此，需要有充足的水分供应，保证种子萌发、幼苗生长正常。

③养分。小麦通过春化阶段需要有健壮的植株。只有选用饱满的种子和及时施肥、灌水才能培育出壮苗。

④植株年龄。小麦的植株年龄与其通过春化阶段的速度关系很密切。一般 2~3 片叶的幼苗。未完全成熟的种子春化速度要快于完全成熟的种子。

(二) 光照阶段

光照阶段是小麦的第二个发育阶段。小麦在完成了春化阶段以后，如果条件适宜，便进入光照阶段。此发育阶段虽然也是多种外界环境条件综合作用的结果，但光照时间是一个主导因子。

1. 光照时间

小麦通过光照阶段每天需光照时数为 8~16 小时，历经 16~

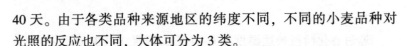

40 天。由于各类品种来源地区的纬度不同，不同的小麦品种对光照的反应也不同，大体可分为 3 类。

（1）反应迟钝　小麦在每天 8~12 小时的光照条件下，经过 16 天完成光照阶段。春性小麦大部分属于这种类型。

（2）反应中等　小麦在每天 12 小时的光照条件下，经 24 天左右通过光照阶段。而在每天 8 小时的光照条件下，小麦不能抽穗。大多数半冬性小麦品种属于此种类型。

（3）反应敏感　小麦需在每天 12 小时以上的光照条件下，经 30~40 天通过光照阶段，否则不能抽穗。大多数冬性小麦属于此种类型。

2. 其他外界因素

在大田生产条件下，除了光照时间，还有其他外界因素影响着小麦光照阶段的顺利进行，其中较重要的有如下几个。

（1）温度　无论是冬小麦还是春小麦，进行光照阶段所需的最适温度为 20 ℃左右。温度低于 10 ℃或高于 25 ℃都会使光照阶段进程减慢。冬小麦在光照阶段对短日照和低温非常敏感。这特性使小麦在早春返青后不致马上开始幼穗分化，保持植株的抗寒力，抵御春寒的危害。

（2）光照强度及光谱颜色　除了光照时间以外，光照强度及光谱颜色都会影响小麦光照阶段的顺利进行。强光照可加强植物体光合作用的强度，形成更多的代谢产物，利于光照阶段的顺利进行。红色、蓝紫色光谱比黄色、绿色光谱更能加速完成光照阶段。

此外，水分、养分充足，植株生长健壮，都利于光照阶段进行。全面地掌握小麦春化阶段和光照阶段的发育特点及对外界条件的要求，可以指导我们更有目的地引种，并根据品种特性，制定适宜的播种期及合理的栽培管理措施。

第二节 小麦的器官

一、根

小麦的根系属纤维状须根系，由初生根和次生根组成。种子萌发时除了胚芽进行生长外，就是胚根伸长最后突破胚根鞘长出第一条初生根，接着又在其上部的盾片节及叶节基部长出第一、第二对初生根，条件适宜时还可长出第三对初生根。当第一片绿叶长出后，就不再长出新的初生根了。通常人们也把初生根叫作种子根或胚根。初生根早期的生长主要依靠小麦胚乳贮存的养分。所以种子的大小及饱满程度直接影响初生根的多少及生长状况。在小麦生长发育的前期，初生根生长较快。据观察，在土壤条件适宜的情况下，小麦开始分蘖时，初生根可长至50多厘米。冬小麦入冬前，初生根可深入100多厘米厚的土中，吸收到土壤深层的水分和养分。如果土壤干旱，小麦靠初生根也能维持生命，所以初生根在小麦的一生中具有重要意义。

次生根发生在小麦基部的节上，几乎与分蘖同时发生。每长一个分蘖就有1~2条次生根生成。那些没条件形成分蘖的分蘖节上生根更多。一些已拔节而未露出地面的节上及近地表的节上，在土壤温度适宜时也可长出次生根。所以，发生时间长、根量大是次生根的一大特点。一般主茎的次生根数可达12~27条，多数为15条。次生根较初生根粗，相对分布在浅层土壤中，与初生根相辅相成，共同从土壤中吸收、运输水分和养分，确保小麦植株正常的生长发育。

根的吸收及运输通过根毛与根中的输导组织进行。根毛一般在根的近端部，位于根皮层部分的外面一层即表皮层，由长形薄壁细胞向外增长延伸而形成，土壤溶液通过渗透作用进入根毛腔里，再渗透到细胞壁，最后进入中柱部分的输导组织中，被运输到小麦地上部器官组织中。根毛经过一段时间会自行死亡、脱落、木栓化。根毛区进一步向根端推移。小麦的根端中有根源细胞、皮层原、维管束鞘及根冠分生组织等，生命力很强，条件适宜时，细胞会不停地分裂繁殖，使根不断伸长。

二、茎（分蘖）

小麦的茎呈圆柱状，中空或有髓体充满，由节和节间组成并富有弹性。小麦茎节数因冬春性及播种期的不同而异，若从第一片真叶以上的节计算，少则 8 节，多则 15 节。但伸出地表能形成茎秆的节，一般只有 4~6 个，其余的则密集一起，在地下形成分蘖节。

小麦茎的增粗与伸长主要依靠分生组织的生长，其中侧分生组织的生长可使茎增大，而位于节间基部的居间分生组织可使节间伸长。每个茎节的生长都经历开始慢、中期快、末期又慢 3 个波浪起伏阶段。各茎节之间又是重叠式生长的。当基部节间迅速伸长时，第二节开始缓慢伸长，而第三节几乎没伸长。第二节迅速伸长时第三节缓慢伸长，如此类推。但最后两节的伸长重叠的时间较长。各茎节的长度也不同，一般基部节间最短，往上逐节加长，以穗颈节（最末一节）最长，有的占全茎长的一半。不同小麦品种茎的总长度也不同，最短的不足 30 厘米。最长的可超过 140 厘米。

小麦茎的功能除了可以支撑整个植物体外，主要运输水分、养分，并通过光合作用制造碳水化合物以及储藏部分光合产物等。因此，茎具有与其功能相适应的组织结构，如表皮、绿色的同化薄壁组织、无色薄壁组织、导管束及坚实的机械组织等。

分蘖是小麦的一种生物学特性，但不同类型的小麦分蘖性强弱不同，一般冬小麦分蘖强而春小麦弱些，晚熟品种分蘖多，早熟品种分蘖少。但是，无论哪种类型的小麦其分蘖规律都是一致的。

小麦出苗后，地中茎伸长将第一片真叶及其以上的节推至近地表层，当主茎长出3片叶并在条件适宜时，便自胚芽鞘腋处出现分蘖芽，突破分蘖鞘露出地面形成胚芽鞘蘖。接着，主茎长出第四片叶时，自主茎节第一片叶的叶腋处长出第一节分蘖。当主茎长出第五片叶时，第二片叶的叶腋处即长出第二个分蘖，如此类推。每一个分蘖长出第三片叶后，从其第一片叶的叶腋处又长出二级分蘖，其出现规律同主茎的分蘖。同理，二级分蘖长出3片叶后也可出现三级分蘖。某分蘖位若因外界环境不利使其分蘖出现受阻时，将来即使又具备了适宜的环境条件，该分蘖位也不会再生长。

分蘖在小麦的一生中有重大的意义。它可调节小麦的群体形成足够的穗数，获得高产。同时分蘖多的小麦形成的次生根也多，使植株有庞大根系，扩大小麦对水肥的吸收，增加抗旱的能力，对培育壮苗、壮株十分有利。另外，小麦的分蘖节可贮存大量的可溶性糖，可增加小麦的抗寒性，保证小麦能安全越冬。

三、叶

小麦的叶包括变态叶（如胚芽鞘、分蘖鞘及颖片）及完全叶两部分。完全叶左右互生在茎节上，由叶鞘、叶舌、叶耳、叶片4部分组成。

小麦的完全叶由叶芽原基长成。叶芽原基长在茎生长锥的下部，呈环状包围着生长点，在生长点开始分化时，叶原基已全部形成，叶片数也就定局了。叶原基伸长形成叶片。开始的生长进程是很慢的，当叶尖初露出前片叶的叶鞘时，生长速度逐渐加快。此时，叶鞘也正在迅速生长。叶舌、叶耳随着生成，叶片接近定长时，生长速度又慢下来。叶片定长时，叶片的功能期开始。相邻叶片间的生长是重叠进行的，当某叶片处在缓慢生长阶段，其前一片正处在迅速伸长阶段，更前一片叶已接近定长。如此类推。

小麦主茎的叶片数，因品种类型、成熟期和环境条件而异。冬性小麦晚熟品种一般 13~15 片，春性小麦及冬性小麦早熟品种的叶片数 8~12 片。分近地生叶和茎生叶两种。近地生叶着生在近地表密集的茎节即分蘖节上。在我国北方冬小麦越冬前可长到 8 片叶，春小麦拔节前长到 3~6 片叶，小麦的茎生叶数变幅较小，一般都是 4~6 片。

小麦的叶鞘包裹在茎秆上，保护着茎节和茎秆，增加茎秆的机械强度。同时，叶鞘中的叶绿素还有进行光合作用、制造养分并储藏养分的功能。叶片是制造养分的场所，叶片的上下表皮之间的叶肉细胞里有大量叶绿素和胡萝卜素，可吸收光能，利用空气中的二氧化碳及吸收的水分进行光合作用，制造碳水化合物。叶位不同，光合产物的用途也不一样，近地生叶制造的养分主要用于培育壮苗、壮蘖、壮株，为争取小麦丰产奠定基础。茎生叶的光合产物主要运往小麦籽粒，尤其是旗叶（即顶上最后一片叶）作用更大，籽粒中 1/3 的碳水化合物是由旗叶和穗茎制造的。所以，旗叶功能期的长短与小麦产量的高低直接相关。

四、穗

小麦的穗由穗轴及互生排列其上的小穗组成，有的具有长芒、短芒、顶芒，有的则无芒。穗形有纺锤形、长方形、圆锥形、椭圆形、棍棒形及分枝形等。成熟时，穗的颜色主要分红壳及白壳，也有的在芒色上有些变化。上述形态差异是分辨不同品种的重要标志。

小麦的穗由位于茎顶的生长锥逐步分化而成，其进程有明显的阶段性，并与小麦的阶段发育及茎叶的生长密切相关，大体可分为下列 4 个时期。

（一）初生期

生长锥宽而扁平。此时小麦的春化阶段尚未结束，冬小麦进入越冬阶段，春小麦在 3 叶期以前。

（二）伸长期

生长锥伸长。在解剖镜下观察其长度明显大于宽度。基部叶原基停止分化，小麦春化阶段结束，光照阶段将开始。北方冬小麦开始返青，早熟春小麦处在 3 叶 1 心期。有部分冬小麦品种在越冬前生长锥开始伸长，并停留在此阶段上越冬。

（三）小穗原始体分化期

又分为 3 个时期。

1. 单棱期

生长锥急剧伸长，逐渐从基部开始自下而上分化出穗轴节片，每个节片上长出一个突起，称作苞原始体，生长到一定程度即停止发育。此时冬小麦已进入冬后分蘖高峰。

2. 二棱期

在生长锥的中下部，两个苞原始体之间出现一个突起，这就是小穗原始体，以后扩展到生长锥的上部及下部出现同样的突起，它的大小与苞原始体一样，因此在解剖镜下看到的是两个棱，故称为二棱期。小穗原始体出现时，苞原始体停止生长。

3. 二棱末期

小穗原始体迅速生长，增大体积，苞原始体开始退化，当小穗原始体将苞原始体完全掩没时，幼穗分化已进入二棱末期。此时，小麦的茎开始伸长。

（四）小花分化期

又分为 5 个时期。

1. 护颖分化期

在幼穗的中下部小穗的基部，首先分化出颖片原基，不久颖片原基又在幼穗下部及上部小穗出现，幼穗进入护颖分化期。这时茎的第一节已伸长 1 厘米左右，进入生理拔节阶段。

2. 小花原基分化期

接下来在中部小穗的颖片上分化出外稃及小花生长点，这种分化相继扩展到幼穗上部及中部小穗，这时幼穗进入小花原基分化期。

3. 雌雄蕊原基分化期

幼穗的每一个小穗一般从基部开始向顶端分化小花原基。当中部小穗分化出 4 个小花时，在其基部第一个小花原基生长点上分化出 3 个突起，即雄蕊原基，幼穗进入雌雄蕊原基分化期。此期小麦的 3 个茎节在伸长，其中第一个节最显著，茎的总长度达 3 厘米左右，小麦进入拔节期。

4. 药隔形成期

初形成的雄蕊原基是圆形突起。幼穗中部小穗的第三朵花进入雄雌蕊分化时，基部第一朵小花的 3 个雄蕊突起各变为四方柱形，分化出花药的药隔，雌蕊顶端出现小圆形凹陷，此时进入药隔形成期。这是小麦田间管理的关键时期。

5. 四分体期

幼穗中部小穗、第一、第二小花的花药分化出花粉母细胞，经减数分裂进一步形成四分体，即进入四分体期。此时小麦旗叶已抽出，与其下一叶的叶耳距离为 2~6 厘米（因品种及外界条件而异）。接下来的分化就是四分体进一步形成花粉粒。与此同时，雌蕊顶部分叉形成羽毛状柱头，基部子房里的胚囊母细胞也经历减数分裂过程，最后形成 1 个卵细胞、2 个助细胞、2 个极核及 3 个反足细胞，完成穗分化全部过程。

五、花

小麦的花着生在小穗里，小穗互生在穗轴上共同构成麦穗。花由外稃、内稃、雄蕊、雌蕊及雌蕊基部的鳞片等组成。雄蕊又分花丝、花药及花药里的花粉粒等部分，而雌蕊分羽毛状柱头、子房及子房里的卵细胞、助细胞、极核及反足细胞等部分。每个小穗可分化 9 朵左右小花，而能形成健全的雌雄配子并可结实的小花一般在 3~5 朵，个别也有多于 5 朵的，其他花败育。中部小穗结实较多，而上下部小穗的结实逐渐减少。

小麦挑旗后 10~14 天抽穗，抽穗后 4~5 天开花，中部小穗第一朵花先开，随后是上下部位小穗的第一、第二朵花开放，随着时间的推移，第三、第四朵花陆续开放。每朵花的开放过程：子房基部鳞片吸水膨胀将内、外稃撑开，花丝伸长，花药裂开，花粉撒出落在柱头上，鳞片失水，内、外稃复原。一穗的花期一般要持续 4~5 天。有些品种的小麦内、外稃不张开，闭颖授粉。个别小麦品种在穗还没完全伸出旗叶、叶耳时，就已经开花授粉。

花粉落在雌蕊柱头上，经 1~2 小时花粉萌发，形成花粉管。输送两个精子穿过柱头及子房壁进到胚囊里，其中一个精子与卵细胞结合，将来形成胚，另一个精子与极核结合，将来形成胚乳。完成授粉（也称双受精）过程以后子房膨大进入籽粒发育阶段。从花粉管萌发到受精完成需 1~1.5 天。

六、种子

小麦的种子又叫颖果，有圆形、卵形等不同形状。从外观上看，种子顶端的茸毛称为冠毛，其另一端是胚，腹面凹陷，有一沟槽，称为腹沟，沟的两边叫颊，背部称作腹背。种子是由皮层、胚及胚乳构成的。皮层包括种皮和果皮。胚由胚芽鞘、胚芽、第一片叶原基、胚轴、胚根、胚根鞘、盾片等部分组成。它孕育着未来植株的一些特征特性，是小麦种子中极重要的部分。其内含物也很丰富，有大量的含氮物质、糖分及脂肪等。胚乳占种子重量的 90%～93%，是营养物质仓库，专供种子萌发及 3 叶期以前的幼苗生长所需要的营养物质，由糊粉层及粉质层组成。糊粉层含有大量的纤维素，其次是含氮物质、灰分和脂肪等；粉质层主要含有淀粉。

小麦种子的形成，是从雌蕊接受了雄蕊的花粉实现双受精开始的，经历器官分化，籽粒长、宽、厚增大及干重、含水量、种皮颜色等一系列变化，经 1 个多月时间完成。大致可分为以下 3 个阶段。

1. 籽粒形成阶段

授粉后 10～12 天里，精卵结合形成合子，合子细胞分裂形成胚芽、胚芽鞘、1 个叶原基等，胚已基本形成。与此同时，极核受精后开始形成胚乳。这个阶段籽粒体积增加很快，达"多半仁"长度，占最大长度的 80%，宽、厚度达 70%，但含水量高（约 70%），干物质重增长缓慢。胚乳由清水状变清乳状，籽粒表面由灰白色变为灰绿色。

2. 籽粒灌浆阶段

籽粒从"多半仁"到蜡熟期以前，时间为 10～30 天。可分为下列两个阶段。

（1）乳熟期 历经 15～18 天。是小麦籽粒干物重增加最快时期，一般日增重可达 1～1.5 克，含水量达平衡状态，含水量从 70% 缓减至 45%。胚乳由清乳状逐渐变为炼乳状。籽粒体积很快增大，至授粉后 20 天时达最大值，俗称"顶满仓"，呈鲜绿色至绿黄色。

（2）乳熟末期　历时 3~5 天。籽粒增重速度减慢，含水量降至 40% 左右，胚乳呈面筋状。到后期灌浆基本停止。籽粒体积开始回缩，呈黄绿色。

3. 籽粒成熟阶段

（1）蜡熟期　分蜡熟中期和蜡熟末期，历时都在 3 天左右。其主要特点是籽粒含水量下降至 25% 左右，胚乳呈蜡质状。基部叶片全部变黄，茎生叶也只有旗叶还有部分绿色。到了蜡熟末期，籽粒含水量进一步降低，籽粒干重达最大值，是收获的最好时期。

（2）完熟期　籽粒含水量降至 20% 以下，籽粒变硬，茎叶全部变黄。

第三节　小麦生长对环境条件的要求

种植小麦对环境条件的要求主要有光照、温度、水分、土壤、养分这几大方面，一般要根据小麦的生长特性来提供相应的环境。

一、光照

小麦是长日照植物，对光敏感，一般生长需要每天 12 个小时的光照，小于 12 个小时光照则无法抽穗。迟钝型的小麦在 8~12 小时光照下可以开花抽穗。总之，光照充足，分蘖增多，开花、抽穗、结实就更好。

二、温度

小麦不耐寒，适合生长的温度范围是 15~20 ℃。在各个生长发育阶段，有相应适宜的温度范围。在最适温度时，生长最快、发育最好。小麦种子发芽出苗的最适温度是 15~20 ℃；小麦根系生长的最适温度为 16~20 ℃，最低温度为 2 ℃，超过 30 ℃ 则受到抑制。温度是影响小麦分蘖生长的重要因素。在 2~4 ℃ 时，分蘖生长开始，最适温度为 13~18 ℃，高于 18 ℃ 分蘖生长减慢。小麦茎秆一般在 10 ℃ 以上开始伸长，在 12~16 ℃ 形成短矮、粗壮的茎，高于 20 ℃ 易徒长，茎秆软弱，容易倒伏。小麦灌浆期的适宜温度为 20~22 ℃。如干热风多，日平均温度高于 25 ℃ 以上时，因失水过快，灌浆过程缩短，使籽粒重量降低。

三、水分

水分在小麦的一生中起着十分重要的作用。据研究，每生产 1 千克小麦需 1 000~1 200 千克水，其中有 30%~40% 是由地面蒸发掉的。在小麦生长期间，降水量只有需水量的 1/4 左右。所以麦田的不同时期灌水以及抗旱保墒措施，对于补充小麦需要的水分有十分重要的意义。试验表明，冬小麦全生育时期的耗水情况有如下特点。

①播种后至拔节前，植株小，温度低，地面蒸发量少，耗水量占总耗水量的 35%~40%，每亩日平均耗水量为 0.4 米³ 左右。

②拔节到抽穗，进入旺盛生长时期，耗水量急剧上升。在 25~30 天内耗水量占总耗水量的 20%~25%，每亩日耗水量为 2.2~3.4 米³。此期是小麦需水的临界期，如果缺水会严重减产。

③抽穗到成熟，35~40 天，耗水量占总耗水量的 26%~42%，日耗水量比前一段略有增加。尤其是在抽穗前后，茎叶生长迅速，绿色面积达一生最大值，日耗水量约 4 米³。

四、土壤

微酸和微碱性土壤上小麦都能较好地生长，但最适宜高产小麦生长的土壤酸碱度为 pH 6.5~7.5。高产麦田耕层深度应确保在 20 厘米以上，能达到 25~30 厘米更好。加深耕作层，能改善土壤理化性能，增加土壤水分涵养，扩大根系营养吸收范围，从而提高产量。

五、养分

小麦生长发育所必需的营养元素有碳、氢、氧、氮、磷、钾、硫、钙、镁、铁、硼、锰、铜、锌等。氮、磷、钾在小麦体内含量多，很重要，被称为"三要素"。

氮是构成细胞原生质的主要成分之一，氮素可促进小麦分蘖和茎叶生长，迅速增加叶绿素含量和绿叶的面积，从而加强光合作用和有机营养物质的积累，充足的氮肥配合适量的磷、钾肥，对幼穗的分化和形成大穗、多粒起着决定性作用。氮素不足，首先影响营养器官的生长，从而导致穗小粒少、过早成熟、产量降低。但氮素施用过多，会导致分蘖过多、茎叶徒长、茎秆机械组织柔软、容易倒伏和遭受病虫的为害，使小麦产量降低、贪青晚熟。

磷是组成细胞核的重要成分，形成淀粉、蛋白质和糖分的过程都需要磷的参与。磷还能促进小麦早分蘖，早生根，提早成熟，籽粒饱满。磷素不足，根系发育受到严重抑制，尤其是次生根受影响较大。

钾可以促进糖类的形成和转化，使叶中的糖分向正在生长的器官输送。充足的钾元素，能提高小麦对低温、高温、干旱和病虫害的抵抗能力，促使茎秆粗壮坚韧，增强抗倒伏能力。

　　小麦在各生育时期对氮、磷、钾的吸收有所不同。对氮素吸收有两个高峰，一个是从分蘖到越冬，吸收量占总量的 13.5%；另一个是从拔节到孕穗，吸收量占总量的 37.3%。对磷、钾的吸收，到拔节以后急剧增加，从孕穗到成熟期吸收最多。其他元素包括微量元素等，在一般土壤或施用了有机肥料的土壤中，一般不缺乏；个别地块，由于土壤质地、位置的影响，出现缺乏，可以在小麦播种时底施补充。

第二章　小麦品种选择与种子处理

第一节　小麦品种分类

一、根据播种季节分类

根据播种季节的不同，可将小麦分为春小麦和冬小麦。春小麦是指春季播种，当年夏或秋两季收割的小麦；冬小麦是指秋、冬两季播种，第二年夏季收割的小麦。

二、根据小麦春化阶段要求的温度和日数分类

根据小麦通过春化阶段要求的温度和日数，我国小麦品种可分为 3 个类型。

(一) 强冬性品种

这类小麦品种通过春化阶段的适宜温度为 0~3 ℃，时间需 35 天以上，温度过高或过低，春化过程均减慢；温度高于 8 ℃以上，则不能抽穗或极难抽穗，如果温度短期不合要求，春化作用可以暂时中断，等到适宜温度再现时，春化作用再持续进行。合适的温度时断时续，其作用可以累积，但是通过整个春化阶段的日数将因此而增加。如果积累的适宜温度的日数不足，则不能完成春化阶段，这类品种未经过低温春化处理的种子，无论在我国南方或北方春播，一般都不能抽穗结实。

（二）弱冬性品种

通过春化阶段的适宜温度为 0~7 ℃，一般需经 15~35 天，未经春化处理的种子春播不能正常抽穗。

（三）春性品种

通过春化阶段的适宜温度范围较宽，如原产于我国南方的冬播的春性品种春化处理温度以 0~12 ℃为宜，原产于我国北方的春播春性品种，春化处理的温度以 5~20 ℃为宜，均需 5~15 天。

按上述春化阶段需要温度条件而区分的 3 个品种类型，与冬小麦和春小麦的概念不同，在使用时不能混淆，一般在生产上所说的冬小麦是指在秋季或冬季播种，在生长期经过全部或一部分冬季时间，所用品种有冬性和弱冬性的，也有春性的。南方麦区多是冬播的春性品种和弱冬性品种，但也称为冬小麦。春小麦是指春季播种的小麦，生长期不经过冬季，所用品种一般属春性。

三、根据气候条件分类

根据气候条件分类，我国小麦生产划分为三大自然区。

（一）北方冬小麦区

主要分布在秦岭、淮河以北，长城以南，这里冬小麦产量占全国小麦总产量的 56%左右。主要分布于河南、河北、山东、陕西、山西。

（二）南方冬麦区

主要分布在秦岭、淮河以南，这里是我国水稻主产区，种植冬小麦有利于提高复种指数，增加粮食产量。其特点是商品率高。主产区集中在江苏、四川、安徽、湖北。

（三）北方春小麦区

主要分布在长城以北。该区气温普遍较低，生产季节短，故以一年一熟为主，主产区有黑龙江、新疆、甘肃、内蒙古等。

四、根据小麦籽粒的皮色分类

根据小麦籽粒皮色的不同，可将小麦分为红皮小麦和白皮小麦，简称为红麦和白麦。红皮小麦（也称为红粒小麦）籽粒的表皮为深红色或红褐色；白皮小麦（也称为白粒小麦）籽粒的表皮为黄白色或乳白色。红白小麦混在一起的叫作混合小麦。

五、根据小麦用途分类

根据小麦用途，小麦品种可分为强筋小麦、中筋小麦和弱筋小麦。

（一）强筋小麦

籽粒角质率大于70%，籽粒硬度大，蛋白质含量高，面筋质量好，吸水率高，具有很好的面团流变特征，即面团的稳定特性较好，弱化度较低，评价值较高，面团拉伸阻力大，弹性较好，适于生产面包粉及搭配生产其他专用粉。一般小麦品种籽粒为白色。

（二）中筋小麦

籽粒硬度适中，籽粒结构属半角质率，也有全角质率（硬度中等），蛋白质含量中等，面筋含量在28%~32%或更高一些，面筋质量也比较高，吸水率大于57%，稳定时间在3分30秒以上，延伸性与水煮性能好。适于制作中国传统面食，如面条、馒头、饺子等，制作的馒头体积大、外形挺立、内部结构和口感较佳。

（三）弱筋小麦

籽粒特征为粉质，角质率小于30%，质地松软，硬度较低，蛋白质和面筋含量低，面团形成时间、稳定时间短，软化度高。该类品种适合作为饼干、糕点等食品的原料。

第二节　小麦品种选择

一、小麦优良品种

小麦优良品种有很多，下面对目前种植面积较大的 6 个品种进行介绍。

（一）淮麦 32

1. 特征特性

①该品种为半冬性，全生育期 224.7 天，其幼苗直立，叶浅绿色，在春季生长发育较快。

②该品种株高为 81.9 厘米，株型紧凑，旗叶斜举，茎秆被蜡质，长芒、白壳、白粒，穗长方形。其籽粒为半角质、饱满，亩穗数 42.7 万，穗粒数 37.8 粒，千粒重 42.1 克。

③该品种中感赤霉病（平均严重度 3.1），中抗白粉病（3级），中感纹枯病（病指 34）。

2. 产量

该品种小麦平均亩产 594.9 千克左右，较对照品种皖麦 52 增产 7.00%。

（二）科农 1006

1. 特征特性

①该品种为半冬性中熟品种，平均生育期为 244 天。其幼苗半匍匐，叶片绿色，分蘖力较强。它的株型较紧凑，株高为 66.3 厘米。穗长方形，长芒、白壳、白粒，半硬质，籽粒饱满。

②该品种的亩穗数为 39.1 万，穗粒数为 35.7 粒，千粒重约

39.7 克，容重 805.5 克/升。

③该品种有较强的抗倒性，可中感白粉病、条锈病，高感叶锈病，高抗条锈病，中抗叶锈病、白粉病。

2. 产量

①该品种在 2009—2010 年度冀中南水地组区域试验，平均亩产 474 千克。

②该品种在 2010—2011 年度同组区域试验，平均亩产 548 千克。

③该品种在 2011—2012 年度冀中南水地组生产试验，平均亩产 491 千克。

（三）洛麦 26

1. 特征特性

①该品种为半冬性多穗型中晚熟品种，全生育期在 223.5~233.8 天。其幼苗呈半匍匐状，叶浅绿色，长势壮，抗寒性好。

②该品种的分蘖力较强，成穗率一般，春季生长稳健，起身略迟，两极分化慢，抽穗晚，抗倒春寒能力一般。

③该品种株型较为紧凑，旗叶宽大、半披，穗下节短，穗层整齐。

④该品种的株高 68~73 厘米，茎秆粗，弹性弱，抗倒伏能力一般。纺锤形穗，短芒，结实性一般，籽粒角质，大小不匀，黑胚少，饱满度较好；根系活力强，后期叶功能好，耐高温，成熟落黄好。

⑤该品种亩成穗数 41.5 万~41.9 万，穗粒数 31.2~35.2 粒，千粒重 39.4~48.0 克。

2. 产量

①该品种在 2011—2012 年度河南省冬水 1 组区域试验，增

产点率 66.7%，平均亩产 458.8 千克，比对照品种周麦 18 增产 1.4%。

②该品种在 2012—2013 年度河南省冬水 C 组区域试验，增产点率 92.3%，平均亩产 518.4 千克，比对照品种周麦 18 增产 5.6%。

③该品种在 2013—2014 年度河南省冬水 B 组生产试验，平均亩产 576.9 千克，比对照品种周麦 18 增产 7.3%。

（四）中麦 875

1. 特征特性

①该品种为半冬性中晚熟品种，平均生育期为 226.5 ~ 236.9 天。

②该品种幼苗呈半匍匐状，叶片细长，叶浅绿色，冬季抗寒性较好。春季起身拔节早，两极分化快，分蘖力强，成穗率中等。

③该品种株型偏紧凑，旗叶偏小、上冲，穗下节较短，株高 75 ~ 78 厘米，茎秆弹性弱，抗倒性中等。

④该品种有长方形穗、较大，穗层整齐，小穗排列松散，中芒、白壳、白粒，角质，饱满度好。

⑤该品种根系活力强，叶功能期长，耐旱性较好，耐后期高温，落黄好。其中亩穗数为 38.7 万 ~ 44.5 万，穗粒数为 29.9 ~ 30.6 粒，千粒重为 47.6 ~ 48.8 克。

2. 产量

①该品种在 2010—2011 年度河南省冬水 2 组区域试验，增产点率 66.7%，平均亩产 574.8 千克，比对照品种周麦 18 增产 2.6%。

②该品种在 2011—2012 年度河南省冬水 2 组区域试验，增产点率 92.9%，平均亩产 481.9 千克，比对照品种周麦 18 增

产 4.3%。

③该品种在 2012—2013 年度河南省冬水 A 组生产试验，平均亩产 475.8 千克，比对照品种周麦 18 增产 4.0%。

（五）百农 207

1. 特征特性

①该小麦为半冬性中晚熟品种，全生育期 231 天，比对照品种周麦 18 晚熟 1 天。

②该小麦幼苗呈半匍匐状，长势旺，叶宽大，叶深绿色。冬季抗寒性中等。

③该小麦分蘖力较强，分蘖成穗率中等。早春发育较快，起身拔节早，两极分化快，抽穗迟，耐倒春寒能力中等。中后期耐高温能力较好，熟相好。

④该小麦株高约 76 厘米，株型松紧适中，茎秆粗壮，抗倒性较好。穗层较整齐，旗叶宽长、上冲。穗纺锤形，短芒、白壳、白粒，籽粒半角质，饱满度较为一般。

2. 产量

①小麦在 2010—2011 年度参加黄淮冬麦区南片冬水组品种区域试验，平均亩产 584.1 千克，比对照品种周麦 18 增产 3.9%。

②该小麦在 2011—2012 年度续试，平均亩产 510.3 千克，比对照品种周麦 18 增产 5.3%。

③该小麦在 2012—2013 年度生产试验，平均亩产 502.8 千克，比对照品种周麦 18 增产 7.0%。

（六）泛麦 803

1. 特征特性

①该品种属于半冬性中熟品种，全生育期 229.0~233.6 天。其幼苗半匍匐，叶片宽短，叶深绿色。

②该品种的小麦冬季抗寒性较好，分蘖力一般，成穗率高，春季起身拔节早，但两极分化慢，抽穗偏晚。

③该品种株型较为紧凑，旗叶上举，茎叶蜡质较重，穗下节短，穗层整齐，株高 73.0～77.9 厘米，茎秆弹性弱，抗倒性一般。

④该品种的穗为近长方形，小穗排列较密，长芒、白壳、白粒，籽粒半角质，饱满度一般。根系活力好，耐后期高温，熟相好。

⑤该品种的亩成穗数为 40.8 万～41.9 万，穗粒数为 33.6～35.6 粒，千粒重为 40.0～48.3 克。

2. 产量

①该品种在 2012—2013 年度河南省冬水 C 组区域试验，平均增产点率 84.6%，平均亩产 500.2 千克，比对照品种周麦 18 增产 1.9%，居 15 个参试品种的第四位。

②该品种在 2013—2014 年度河南省冬水 C 组区域试验，平均亩产 583.1 千克，比对照品种周麦 18 增产 3.2%，居 15 个参试品种第七位。

③在 2014—2015 年度河南省冬水 A 组生产试验，平均亩产 546.3 千克，比对照品种周麦 18 增产 7.0%，居 8 个参试品种第三位。

二、小麦品种的选择

（一）依据小麦高产、稳产的性状选择

1. 抗寒性

小麦品种有春性、半冬性和冬性 3 个不同类型，小麦品种要具有一定的抗寒性，但也并非越抗寒越好，只要保证在当地秋播能安全越冬即可。

2. 抗病性

为害小麦生产的主要有小麦散黑穗、锈病、白粉病、雪腐病、雪霉病等病害，所以在购买种子时，必须对品种抗病性做详细了解。

3. 早熟性

早熟或熟期适当是小麦高产、稳产的重要条件，早熟品种能够避免或减轻某些自然灾害，如灌浆成熟期间能够躲过干热风和高温病害。

4. 抗倒性

俗话说"麦倒一把草"，只有选择抗倒伏能力强的品种，才能够进一步提高产量，实现丰产、稳产。一般在大田生产中株高为70~85厘米较为理想，品种的抗倒性分为高抗、中抗、较抗等类型，应根据自己的地力水平进行选择。

（二）根据个人的生产条件选择

1. 依据地力水平

对于高水肥地块，应选择高抗倒伏、株高矮、分蘖力强的多穗型品种或分蘖力中等、茎秆粗壮、株高较矮的大穗型品种，对于旱薄地块，就应当选择抗旱性较好、分蘖力中等、株高稍高的中产水平品种。

2. 依据播期

如果播种时间早，应当选择冬性品种，如果播种时间在10月20日以后，就应当选择半冬性晚播早熟品种。

3. 依据播量

习惯上播量大的地方，应当选择分蘖力中等的大穗型品种，播量小的地方应当选择分蘖力强、成穗率高的多穗型品种。

（三）避免小麦品种选择的误区

在小麦品种选择上了解不够，很容易走进误区。选购麦种时，应注意掌握"三不要"。

1. 不要片面求新求异

新品种是指经过区域试验、生产试验的多年检验，并经省农作物品种审定委员会审（认）定，在产量、品质、抗性等方面表现优异的品种。但是市场上一些单位和个人往往将刚培育出来、未经区域试验及生产试验的品系以新品种的名义进行宣传推销，对此应谨慎识别。

正确做法：购买通过审（认）定的品种。种子管理部门在品种审定、推广前，都要进行严格的区域试验和生产试验，至于一些广告宣传中称某品种已经某科研单位（或专家）鉴定或认定，不能作为推广的依据，各级农作物品种审定委员会的审（认）定才是唯一合法的审（认）定。

2. 不要盲目追求大穗型品种

大穗型小麦一般具有较大的增产潜力，但并不是说种植大穗型小麦一定能高产。

正确做法：每年秋播之前，农业管理部门公开推荐一批小麦良种，供农户选用，如果在推介品种时只讲推广，不讲适应范围，这是违背科学规律的，切勿轻信。另外引进外地品种时要坚持先试验、后推广。

3. 不要片面追求高肥水品种

每个品种都有其适应的地力水平，高肥水品种只有种在高肥水地块才能发挥增产潜力。如果在中低产田种植，往往出现早衰、干枯、籽粒不饱满、出粉率低等问题，产量上不去。同样，中肥水或旱地品种种在高肥水地块，因其增产潜力有限，往往发生倒伏现象，产量也上不去。

正确做法：根据地力条件，选用与产量水平相适应的品种。在考察品种的产量水平时，同样要以农业管理部门发布的品种介绍为依据。

第三节　小麦种子处理

一、选种

小麦播种前要用种子精选机精选、人工筛选或风选的方法除去秕子、碎粒、草籽和泥沙等杂物，选好的种子要做发芽试验，了解其发芽势、发芽率，种子发芽率应高于95%。凡低于80%的种子，一般不作种用。播种前，可进行晒种、拌种等处理，提高种子生活力，防治地下害虫，以达到壮苗、防病治虫和丰产的目的。

二、晒种

小麦的晒种方法是在播前选晴天将麦种均匀地摊在苇席或防水布上（注意：不能直接摊放在水泥地、铁板、石板和沥青路等上面晒种，防止因温度过高而烫伤种子，降低发芽率），厚度以5~7厘米为宜，白天要经常翻动，夜间应堆起盖好，一般连晒2~3天，直到牙咬种子时发响为止。晒种后要测定发芽率，以便确定播种量。

三、拌种

(一) 小麦药剂拌种

1. 小麦药剂拌种主要防治对象

（1）土传病害　主要是纹枯病、全蚀病、根腐病。这些病菌在土壤中可以存活多年，在小麦拌种后种子开始萌芽时病菌就可以侵染。

（2）系统侵染病害　主要有秆黑粉病、散黑穗病和腥黑穗

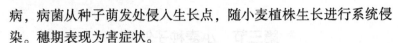

病，病菌从种子萌发处侵入生长点，随小麦植株生长进行系统侵染。穗期表现为害症状。

（3）地下害虫　主要是蛴螬、蝼蛄和金针虫，它们在秋苗期和返青后咬食小麦根茎部，造成缺苗断垄。

2. 防治病虫害的药剂拌种

（1）地下害虫的防治　在播种前用药拌麦种和处理土壤是防治小麦地下害虫最有效的措施。

①拌种处理。对地下害虫一般发生区，可采用药剂拌种的方法进行防治。可选用 50%辛硫磷乳油拌种，按种子重量的 0.2%使用，即 50 千克种子用药 100 克，兑水 2~3 千克，也可用 48%毒死蜱乳油按种子重量的 0.3%拌种，拌后堆闷 4~6 小时便可播种。

②土壤处理。对地下害虫严重发生区，可采用土壤处理和拌种处理相结合的方法进行防治，土壤处理可以亩用 3%辛硫磷颗粒剂 2~2.5 千克均匀撒施于地面，随后将其翻入土中。也可亩用 50%辛硫磷乳油 250 毫升，兑水 1~2 千克，拌细土 20~25 千克制成毒土，均匀撒于地面，随后翻入土中。

（2）腥黑穗病、全蚀病和白粉病等病害的防治　采用药剂拌种不仅可防治麦类黑穗病，还可有效地控制冬前小麦锈病、全蚀病、白粉病的发生和为害，减少越冬菌量。

①腥黑穗病发生区。防治小麦腥黑穗病，可选择 6%戊唑醇悬浮剂 10 毫升，兑水 0.4~0.5 千克，拌种 25~35 千克，或用 2.5%咯菌腈种子处理悬浮剂按推荐剂量进行小麦种子拌种，同时可兼治秋苗锈病和白粉病；用 15%三唑酮可湿性粉剂按种子重量的 0.2%拌种，或用 20%三唑酮乳油 0.5 毫升，兑水 2.5 千克，拌麦种 250 千克，可防治白粉病、叶锈病。

②小麦全蚀病严重发生区。可选用 12.5%硅噻菌胺悬浮剂进

行种子处理，对小麦全蚀病有很好的防治效果。一般用 12.5% 硅噻菌胺悬浮剂 20 毫升，兑水 300~500 毫升，可拌 10~12.5 千克种子，拌匀后闷种 6~12 小时（有利于药剂挥发并杀死种子所带病菌），在阴凉处晾干后播种。

③小麦黄矮病和丛矮病发生区。可采用吡虫啉处理种子，防治传毒昆虫，控制小麦黄矮病和丛矮病的发生为害，同时兼治地下害虫。

④多种病害和害虫混合发生区。要大力推广应用杀菌剂和杀虫剂复合的种衣剂或拌种剂进行包衣或种子处理。各地应根据当地主要病虫种类，选择适当配方的种衣剂或拌种剂，其用量一般是复配（混合）剂中单剂的有效成分与单独使用时相同。

3. 主要拌种方法

（1）用拌种桶（箱）进行种子干拌　按拌种比例称量麦种和药剂，同时盛入拌种桶（箱）内，每次拌种量不超过半桶，以每分钟 20~30 转的速度，正反各转 50 次，确保拌匀。

（2）用塑料袋干拌　将麦种盛入塑料袋内，每袋以 10~15 千克种子为宜，按比例加入适量药剂，上下颠翻数十次，直到每粒种子都黏附药粉。

（3）人工搅拌　将塑料薄膜平铺地面，根据拌种比例称量好麦种和药剂，按先种后药顺序，分次加药，用铁锹等工具充分搅拌，彻底拌匀为止。

4. 药剂拌种注意事项

做好小麦播前药剂拌种，是防治多种病虫害，确保小麦苗全、苗壮的有效措施。但小麦播前药剂拌种如果技术不当，不仅起不到防病、防虫效果，还可能导致小麦出苗缓慢、出苗不齐，甚至影响麦苗正常生长。一般情况下，小麦播前药剂拌种应注意以下6点。

（1）根据当地病虫发生情况，确定用药种类　如果当地小麦苗期虫害发生很轻，病害发生较重，只用杀菌剂拌种即可，不必使用杀虫剂；如果病虫害混合发生，既要用杀虫剂拌种，还要用杀菌剂拌种；如果地下害虫发生较重，靠药剂拌种达不到预期的防治效果，应采取拌种和土壤处理办法防治小麦虫害。

（2）准确掌握农药用量　有的农户在小麦药剂拌种时凭"估计"用药，盲目加大用药量。实践证明，小麦在用三唑酮、辛硫磷等药剂拌种时如果用量过大，会对小麦产生明显药害，导致小麦出苗推迟、生长缓慢，严重者甚至会出现缺苗断垄，因此应特别注意。

（3）注意拌种方法　小麦用辛硫磷等拌种，应先将农药兑水稀释，再与麦种拌匀，覆盖堆闷后播种。小麦用三唑酮和戊唑醇拌种，应先将种子用清水喷至湿润，然后将药剂均匀地混拌在种子上，随后立即播种或阴干后播种。如果既要用杀虫剂拌种，又要用杀菌剂拌种，应先拌杀虫剂，堆闷后再拌杀菌剂，随后立即播种。

（4）随拌随播，不可久置　小麦用杀虫剂拌种后，一般堆闷2~3小时，最多5~6小时，待药剂被麦种吸收后随即播种。一般小麦用杀菌剂拌种后，应随即播种或阴干后立即播种。有的农户在小麦药剂拌种后堆闷时间过长，或拌后久置不播，也会对小麦产生药害。如果小麦用杀菌剂拌种后在日光下摊晒，则会显著降低防病效果。

（5）要严格按照拌种操作规程拌种　拌过药的种子应存放在阴凉干燥和小孩不能接触的地方，不可暴晒和受潮，不能被人、畜食用；拌种工作结束后，要洗手洗脸，确保安全。

（6）拌种要均匀、彻底　拌种时要充分拌匀，使每粒麦种均黏附上药粉，避免白籽下种；拌种处理要大面积连片，不留死角，不留插花地。

（二）肥料拌种

1. 磷–硼混合液拌种

取优质过磷酸钙 3 千克，加水 50 千克，溶解后滤除杂质，在滤液中加入硼酸 50 克，搅匀后取溶液 5 千克，拌麦种 50 千克，晾干后播种。用磷–硼混合液拌种可使麦苗生长健壮，增强抗旱能力，一般增产 10%～20%。

2. 氯化钙拌（浸）种

取氯化钙 0.5 千克，加水 50 千克，拌麦种 500 千克，拌匀后堆闷 5～6 小时。也可用氯化钙 0.5 千克，加水 500 千克，搅拌均匀后放入 500 千克麦种，浸泡 5～6 小时后晾干播种，一般可增产 10%左右。

3. 磷酸二氢钾拌（浸）种

用磷酸二氢钾 0.5 千克，兑水 5 千克，均匀地拌入 5 千克麦种中，堆闷 6 小时；或用 0.5%磷酸二氢钾溶液浸种 6 小时，捞出晾干播种，可以改善小麦苗期磷、钾营养状况，促进根系下扎，有利于苗全、苗壮。

4. 硫酸锌拌（浸）种

用硫酸锌 50 克，溶于适量水中，喷拌在 50 千克麦种上，拌匀后堆闷 4 小时，晾干播种；或者将选好的麦种放入 0.05%硫酸锌溶液中浸泡 12～24 小时，捞出晾干播种。

5. 硼砂拌（浸）种

将 10 克硼砂溶于 5 千克水中，配成 0.2%的溶液，喷拌在 50 千克麦种上；或者将选好的麦种放入 0.01%～0.05%硼砂溶液中浸泡 6～12 小时。

6. 钼酸铵拌（浸）种

每千克种子用钼酸铵 2～6 克，先把钼酸铵用少量温水溶解，然后稀释到可淹没种子的程度，同种子一起在缸或桶中搅匀，捞出在阴凉地方晾干播种；或者将麦种放入 0.05%~0.1%钼酸铵溶液中，按种子与肥液 1∶1 的比例，浸种 12 小时，捞出后晾干播种。

7. 硫酸锰拌（浸）种

配制 0.1%硫酸锰溶液，每千克麦种用 1 千克肥液浸泡 12~24 小时；拌种每千克麦种可用 4~8 克硫酸锰，先用少量水溶解，再与种子拌匀。

8. 硫酸铜拌（浸）种

用硫酸铜按种子重量的 0.2%~0.3%拌种，拌匀后堆闷 12~17 小时；或用 0.01%硫酸铜溶液，浸泡种子 12~24 小时。

9. 微生物菌剂拌种

每亩用粉状微生物菌剂 1 千克，兑入适量清水，搅拌均匀后再拌入麦种中，或每亩用颗粒型微生物菌剂 1.5~2 千克，与麦种混合均匀后播种。用微生物菌剂拌种具有促进根系发育和促进分蘖的作用。

10. 多元微量元素肥料拌种

将多元微量元素肥料 50 克先用温水化开，再加入适量清水，搅拌均匀后拌麦种 10 千克，晾干后播种，可以提高植株的抗病能力。

11. 生长调节剂拌种

应用多效唑、矮壮素等植物生长调节剂拌种，不但能促根增蘖，使出叶快、叶色深，加强麦苗的抗逆性，而且可以降低株高、缩短、增粗基部节间，提高充实度。如每千克麦种可用 15%多效唑可湿性粉剂 1 克拌匀。若用矮壮素拌种，取 50%矮壮素 250 克，兑水 5 千克，搅拌均匀后喷洒在 50 千克麦种上，然后堆闷 4 小时，待药液被麦种充分吸收后播种。

（三）拌种的注意事项

拌种不是万能的，成分并非越多越好。近年来，杀菌杀虫和促进生长的三合一型种子处理剂，深受农民欢迎。但用什么药剂拌、拌种药剂的质量、拌种方法等，都有技术要求。

1. 拌种目的要明确

拌种只对土传或种传病害、地下害虫和部分地上害虫有效，用微肥或调节剂拌种是对土壤施肥的一种补充，不能替代施肥。对小麦来说，拌种对腥黑穗病、散黑穗病、纹枯病、根腐病、全蚀病、丛矮病等病害，蝼蛄、蛴螬、金针虫、蚜虫、灰飞虱等有效，对锈病、白粉病、赤霉病、地老虎、麦叶蜂等无效或效果不明显。

2. 选择拌种药剂要有针对性

拌种剂中的有效成分，无论是杀菌剂还是杀虫剂，作用对象是有限的，往往只对某些病或虫有效，对其他的病、虫无效或效果不明显。因此，选择拌种剂要有针对性，全蚀病严重，就要选择硅噻菌胺、苯醚甲环唑+咯菌腈等成分；根腐病和黑穗病类严重用苯醚甲环唑等；防控麦蚜，可选择吡虫啉或噻虫嗪等。

值得注意的是，拌种剂中的成分不是越多越好，有针对性地选择合适的有效成分是基础。成分、种类太多，相互间的化学反应更复杂，会有影响出苗的风险。因此，拌种剂的成分不是多多益善，而是够用就行。

3. 选用好剂型，提前拌种更科学

（1）选择生产工艺和质量好的拌种剂　适合拌种的药剂剂型有可湿性粉剂、悬乳剂、干拌种剂、悬浮种衣剂等。尽量选择后两个有成膜包衣功能的剂型。不同品牌同一剂型的产品，在质量上往往有明显的差别，选择的时候不必迷信高价格的、新上市

的奇特产品，最好选择有使用历史且口碑好的产品。

（2）提前拌种才科学　拌种包衣的原理就是给种子穿上一层只透水不漏药的药衣，这层药衣穿得是否稳固，和药剂在种子上的作用时间有关，提前拌种会使药剂更好地、更长时间地黏附在种子上。所以，要提前给种子拌种包衣，至少提前3天。

（3）最好用专用机器拌种包衣，注意控制药、种、水比例　使药剂在种子表面形成一层均匀牢固的薄膜是对种子拌种包衣的基本要求。因此，最好利用功能性强的专用种子包衣机器。在拌种前最好先做一个药、种、水的比例试验，找到最佳比例后再操作。拌好以后，先晾晒一会再把种子装进透气性较好的袋内放到干燥通风处备播。

总之，选种、晒种、拌种，都不是很复杂的播前准备，但对小麦的生长很重要，操作的时候细心一点，会有更好的效果。

第三章　小麦整地播种

第一节　整地

整地是指小麦播种前整理土地的作业。为提高耕地的可持续生产力，必须采用科学合理的土壤耕作制。

一、合理的土壤耕作制

合理的土壤耕作制是指对不同前茬作物收获后的土壤进行的一系列相互配合的耕作措施，也就是选用什么样的耕作方式以及各种方式如何配套的问题。

小麦的根系比较发达，其中70%部分集中在距地表10~30厘米的耕层内。小麦播种前耕作整地的目的是使麦田耕层深度适宜，土壤中水、肥、气、热状况协调，土壤松紧适度，保水、保肥能力强，地面平整状况好，符合小麦播种要求，为全苗、壮苗及植株良好生长创造条件。我国气候条件复杂，土壤种类繁多，种植制度多样，因此，麦田播前耕作整地技术种类较多，各地可因地、因条件选择适宜的耕作整地技术。总的原则是以耕翻（机耕）或少、免耕（旋耕）为基础，将耙、耱（耢）、压、起垄、开沟、做畦等作业相结合，正确掌握宜耕、宜耙等作业时机，减少耕作费用和能源消耗，做到合理耕作，保证作业质量。

二、整地具体要求

（一）深

指在土地原有基础上逐年加深耕作层，一年加深一点，不宜一下耕得太深，以免将大量的生土翻出。具体耕地深度，机耕应在 25~27 厘米；畜力犁地耕到 18~22 厘米。有关资料表明，深耕由 15~20 厘米加深到 25~33 厘米，一般能使小麦增产 15%~25%。深耕可以加厚活土层，改善土壤结构，增加土壤通气性，提高土壤肥力，协调土壤水、肥、气、热，增强土壤微生物活性，促进养分分解，保证小麦播后正常扎根生长。实践证明，深耕的作用是有后效的，所以一般麦田可 3 年深耕 1 次，其余两年进行浅耕，深度 16~20 厘米即可。

（二）细

小麦幼芽顶土能力较弱，在坷垃底下出现芽干现象，易造成缺苗断垄。所以耕地后必须把土块耙碎、耙细，保证没有明暗坷垃，才能有利于麦苗正常生长。

（三）透

将土地耕透、耙透，做到耕耙均匀，不漏耕、不漏耙。把麦田修整得均匀一致，有利于小麦均衡增产。

（四）实

要求表土细碎，耕地下无架空暗垡，达到上虚下实的程度。如果土壤不实，就会造成播种深浅不一，出苗不齐，容易跑墒，不利于扎根。所以对耕层过于疏松的麦田，应进行播前镇压或浇塌墒水。

（五）平

要求对土地做到耕前粗平、耕后复平、做畦后细平，使耕层深浅一致，才能保证浇水均匀、用水经济、播种深浅一致、出苗整齐。一般麦田坡降要求不超过 0.3%，畦内起伏不超过 3 厘米。

三、整地方式

（一）耕翻

耕翻可掩埋有机肥料、粉碎的作物秸秆、杂草和病虫有机体，疏松耕层，松散土壤；降低土壤容重，增加孔隙度，改善通透性，促进好氧性微生物活动和养分释放；提高土壤渗水、蓄水、保肥和供肥能力。连续多年种麦前只旋耕不耕翻的麦田，在旋耕的 15 厘米以下形成坚实的犁底层，影响根系下扎、降水和灌溉水的下渗，应旋耕 3 年，耕翻 1 年，破除犁底层。目前，广大麦田施用有机肥的数量很少，提高我国麦田耕层土壤有机质含量的途径之一就是秸秆还田。小麦收获后其秸秆撒于麦田中，玉米秸秆粉碎后耕翻于地下，是培肥地力的良好方式。实施秸秆还田的麦田以耕深 20~25 厘米为宜。

（二）少、免耕

以传统铧式犁耕翻，虽具有掩埋秸秆和有机肥料、控制杂草和减轻病虫害等优点，但每年用这种传统的耕作方式，其工序复杂，耗费能源较大，在干旱年份还会因土壤失墒较严重而影响小麦产量。由于深耕效果可以维持多年，可以不必年年深耕。断点续传，对于播种前的土壤可以 2~3 年深耕 1 次，其他年份采用少、免耕，包括旋耕或浅耕等。进行玉米秸秆还田的麦田，也可以采用旋耕的方法，但是由于旋耕机的耕层浅，难以完全掩埋秸秆，所以应将玉米秸秆粉碎，尽量打细，旋耕两遍，效果才好。

（三）耙耢

耙耢可破碎土垡，耙碎土块，疏松表土，平整地面，上松下实，减少蒸发，抗旱保墒；在机耕或旋耕后都应根据土壤墒情及时耙地。近年来，黄淮冬麦区和北部冬麦区旋耕面积较大，旋耕

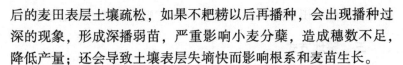

后的麦田表层土壤疏松，如果不耙耢以后再播种，会出现播种过深的现象，形成深播弱苗，严重影响小麦分蘖，造成穗数不足，降低产量；还会导致土壤表层失墒快而影响根系和麦苗生长。

（四）镇压

镇压有压实土壤、压碎土块、平整地面的作用，当耕层土壤过于疏松时，镇压可使耕层紧密，提高耕层土壤水分含量，使种子与土壤紧密接触，根系及时喷发与伸长，下扎到深层土壤中，一般深层土壤水分含量较高较稳定，即使上层土壤干旱，根系也能从深层土壤中吸收水分，提高麦苗的抗旱能力，麦苗整齐健壮。因此，黄淮冬麦区和北部冬麦区小麦播种后应及时镇压。

为了提高土壤肥力，提倡玉米秸秆还田，玉米秸秆还田的麦田，无论是通过耕翻还是旋耕掩埋玉米秸秆，均应在播种前灌水造墒，也可在播种后立即浇蒙头水，墒情适宜时搂划破土，辅助出苗，这样有利于小麦苗全、苗齐、苗壮。

四、不同类型麦田的整地方法

（一）水肥地

一是要求深耕；二是要求小麦播种具备充足的底墒和口墒。深耕的适宜深度为25～30厘米，一般不超过33厘米。深耕后效果可维持3年，因此生产上可实行2～3年深耕1次的做法。墒情不足时要浇好底墒水，耙透、整平、整细，保墒待播。

（二）丘陵旱地

对一年一熟的旱地麦田，应坚持"三耕法"。第一遍于6月中、下旬伏前深耕晒垡，犁后不耙，做到深层蓄墒，并熟化土壤，提高肥力；第二遍于7月中、下旬伏内耕后粗耙，遇雨后再耙，继续接雨纳墒；第三遍于9月中、下旬随犁随耙，多耙细耙，保好口墒，结合这次整地施入基肥。一年两熟小麦于秋作物生长季节采用"浅-深-浅"中耕法，不仅利于当季增产，也可接纳较多雨水。当秋作物成熟后抓紧收割腾茬，结合施基肥随犁随耙，反复细耙，保住口墒。

（三）黏土地

严格掌握适耕期，充分利用冻融、干湿、风化等自然因素，使耕层土壤膨松，保持良好的结构状态。播前整地可采取少耕措施，一犁多耙，早耕早耙，保持下层不板结，上层无坷垃，疏松细碎，提高土壤水肥效应。

（四）稻茬地

排水较好的稻茬麦田，应在水稻收获前适时翻耕晒垡，播前耙细、整平、整实。土质黏重、排水不良的应在开好厢沟、降低地下水位、适时翻耕晒田、播前抓住适耕期的基础上，及时耙地，耙碎整平。对于土壤水分过多、不能正常耕作的地块，为了抢时播种，可直接免耕播种，使播期提前 10 天左右，以争取较多的积温，促进苗壮。

第二节　施肥

一、基肥的作用

基肥是小麦播种或定植前，结合土壤耕作施用的肥料。基肥的作用首先是提高土壤供肥水平，使植株氮素水平提高，增强分蘖能力；其次是调整生育期的养分供应状况，使土壤在小麦各个生育阶段都能为小麦提供各种养料。

二、基肥的种类

基肥以有机肥、磷肥、钾肥和微肥为主，以速效氮肥为辅。

圈肥、人粪尿、土杂肥、秸秆沤制等有机肥具有肥源广、成本低、养分全、肥效缓、有机质含量高、能改良土壤理化特性等优点,对各类土壤和不同作物都有良好的增产作用。因此,基肥施用应坚持增施有机肥并与化肥搭配使用的原则。适宜作基肥的化学肥料如下。

(一)氮肥

碳酸氢铵、尿素、硫酸铵、氯化铵等,目前以尿素为主,其他几种氮肥用得很少,如硫酸铵、氯化铵,目前生产上已很少见。

(二)磷肥

过磷酸钙、钙镁磷肥、重过磷酸钙等。目前以过磷酸钙应用比较普遍。重过磷酸钙养分含量高,应用效果好。

(三)钾肥

硫酸钾、氯化钾。在小麦上两种钾肥都可应用。

(四)复合肥

分为二元复合肥和三元复合肥。同时含两种营养元素的称为二元复合肥,如磷酸二铵、磷酸一铵、硝酸磷肥等,硝酸磷肥由于氮素易流失,在降水较多、地下水位较高地区不宜作基肥。含3种营养元素的称为三元复合肥。目前用量较大的是不同厂家生产的复混肥。

三、基肥的用量

基肥施用量要根据土壤基础肥力和产量水平而定。一般麦田每亩施优质有机肥2 000千克以上,纯氮13~15千克(折合碳酸氢铵75~85千克或尿素28~30千克)、五氧化二磷6~8千克(折合过磷酸钙50~60千克,或磷酸二铵20~22千克)、氧化钾9~11千克(折合氯化钾18~22.5千克)、硫酸锌1~1.5千克生长季节采用"浅-深-浅"中耕法，不仅利于当季增产，也可接纳较多雨水。当秋作物成熟后抓紧收割腾茬，结合施基肥随犁随耙，反复细耙，保住口墒。

（三）黏土地

严格掌握适耕期，充分利用冻融、干湿、风化等自然因素，使耕层土壤膨松，保持良好的结构状态。播前整地可采取少耕措施，一犁多耙，早耕早耙，保持下层不板结，上层无坷垃，疏松细碎，提高土壤水肥效应。

（四）稻茬地

排水较好的稻茬麦田，应在水稻收获前适时翻耕晒垡，播前耙细、整平、整实。土质黏重、排水不良的应在开好厢沟、降低地下水位、适时翻耕晒田、播前抓住适耕期的基础上，及时耙地，耙碎整平。对于土壤水分过多、不能正常耕作的地块，为了抢时播种，可直接免耕播种，使播期提前10天左右，以争取较多的积温，促进苗壮。

第二节 施肥

一、基肥的作用

基肥是小麦播种或定植前，结合土壤耕作施用的肥料。基肥的作用首先是提高土壤供肥水平，使植株氮素水平提高，增强分蘖能力；其次是调整生育期的养分供应状况，使土壤在小麦各个生育阶段都能为小麦提供各种养料。

二、基肥的种类

基肥以有机肥、磷肥、钾肥和微肥为主，以速效氮肥为辅。

圈肥、人粪尿、土杂肥、秸秆沤制等有机肥具有肥源广、成本低、养分全、肥效缓、有机质含量高、能改良土壤理化特性等优点，对各类土壤和不同作物都有良好的增产作用。因此，基肥施用应坚持增施有机肥并与化肥搭配使用的原则。适宜作基肥的化学肥料如下。

（一）氮肥

碳酸氢铵、尿素、硫酸铵、氯化铵等，目前以尿素为主，其他几种氮肥用得很少，如硫酸铵、氯化铵，目前生产上已很少见。

（二）磷肥

过磷酸钙、钙镁磷肥、重过磷酸钙等。目前以过磷酸钙应用比较普遍。重过磷酸钙养分含量高，应用效果好。

（三）钾肥

硫酸钾、氯化钾。在小麦上两种钾肥都可应用。

（四）复合肥

分为二元复合肥和三元复合肥。同时含两种营养元素的称为二元复合肥，如磷酸二铵、磷酸一铵、硝酸磷肥等，硝酸磷肥由于氮素易流失，在降水较多、地下水位较高地区不宜作基肥。含3种营养元素的称为三元复合肥。目前用量较大的是不同厂家生产的复混肥。

三、基肥的用量

基肥施用量要根据土壤基础肥力和产量水平而定。一般麦田每亩施优质有机肥 2 000 千克以上，纯氮 13~15 千克（折合碳酸氢铵 75~85 千克或尿素 28~30 千克）、五氧化二磷 6~8 千克（折合过磷酸钙 50~60 千克，或磷酸二铵 20~22 千克）、氧化钾 9~11 千克（折合氯化钾 18~22.5 千克）、硫酸锌 1~1.5 千克

（隔年施用）。推广应用腐植酸生态肥和有机无机复合肥，或每亩施三元复合肥 50 千克。大量小麦肥料试验证明，土壤基础肥力较低和中低产水平麦田，要适当加大基肥施用量，速效氮肥基肥与追肥的比例以 7：3 为宜；土壤基础肥力较高和高产水平麦田，要适当减少基肥施用量，速效氮肥基肥与追肥的比例以6：4（或 5：5）为宜。

四、基肥的施用技术

小麦基肥施用技术有将基肥撒施于地表面后立即耕翻和将基肥施于垡沟内边施肥边耕翻等方法。

（一）结合深耕施肥

对于土壤质地偏黏，保肥性能强，又无灌水条件的麦田，可将全部肥料一次作基肥施用，俗称"一炮轰"。即施用时将肥料施入整个耕层，使其充分与耕层土壤混合，扩大肥料与根系的接触面。在瘠薄地可适当浅施，也可结合耕翻分层施用，将迟效性肥料施入耕层中、下部或整个耕层，结合耕地把速效性肥料施到耕层的上部，以适应不同时期根系的吸收。

（二）集中施肥

用开沟条施的方法施用基肥，在肥料较少的情况下可采用此法。可将磷肥与优质有机肥料混合堆沤后集中施用，以防止磷被土壤固定，进而提高肥效。

（三）微肥可作基肥

在土壤有效锌低于 0.5 毫克/千克时，可隔年施用锌肥，每亩施硫酸锌 1 千克左右。也可拌种，用锌、锰肥拌种时，每千克种子用硫酸锌 2~6 克、硫酸锰 0.5~1 克，拌种后随即播种。作基肥时，由于用量少，很难撒施均匀，可将其与细土掺和后撒施地表，随耕入土。

（四）磷肥与农家肥混合或堆沤后使用

可以减少磷肥与土壤接触，防止水溶性磷的固定，利于小麦的吸收。

（五）土壤速效钾低于 50 毫克/千克时，应增施钾肥

每亩施氯化钾 5~10 千克。盐碱地最好施硫酸钾。

五、基肥施用过量的处理办法

基肥施用过量，麦苗出土后长势过旺，分蘖多，叶片宽大，田间郁闭严重。当麦田主茎长出 5 片叶时，在小麦行间深锄 5~7 厘米，切断部分次生根，控制养分吸收，减少分蘖，培育壮苗。

第三节　播种

一、适期播种

适期播种是小麦形成适龄壮苗越冬的关键措施之一。确定适宜播种期的方法：根据品种达到冬前壮苗的苗龄指标和对冬前积温的要求初步确定理论适宜播种期，再根据品种发育特性、自然生态条件和拟采用栽培体系的要求进一步调整，最终确定当地的适宜播种期。

（一）根据冬前积温确定适宜播种期

小麦冬前积温指标包括播种到出苗的积温及出苗到定蘖数的积温。据研究，播种到出苗的积温一般为 120 ℃左右（播深在 4~5 厘米），出苗后冬前主茎每片叶平均需约 75 ℃积温。这样，根据主茎叶片和分蘖产生的同伸关系，即可求出冬前不同苗龄与蘖数的总积温。一般半冬性品种冬前要达到主茎 6~7 片叶，春性品种冬前要达到主茎 5~6 片叶，如越冬前要求单株茎数为 5

个，主茎叶数为6片，则冬前总积温为75×6+120＝570 ℃。一般春性品种生长到5叶和5叶1心时需要0 ℃以上积温为500～570 ℃。得出冬前积温后，再从当地气象资料中找出昼夜平均温度稳定降到0 ℃的时期，由此向前推算，将逐日平均高于0 ℃的温度累加达到570 ℃的那一天，即可定为理论上的适宜播期，这一天的前后3天，即可作为适宜范围。生产上各地应根据当地近10年来的冬前温度计算出小麦适宜播期。播种期偏早，冬前积温超过上述指标，小麦就会旺长，冬季或春季容易遭受冻害。

近年来随着全球气候变暖，我国小麦主产区常常处于暖冬的气候条件，温度呈逐渐增高的趋势，在过去认定的播期播种，常常出现小麦冬前旺长的情形，春性和半冬性偏春性品种发育进程加快，冬季和早春冻害时有发生。为应对气候变暖的形势，冬小麦的播种适期应该比过去的适宜播种期适当推迟，但是，推迟几天合适，各地应通过播期试验和理论计算相结合来确定。

（二）品种发育特性不同播种期不同

不同感温、感光类型品种，完成发育要求的温光条件不同。播种过早不适于感温发育，只适于营养生长，造成营养生长过度或春性品种发育过快，不利于安全越冬；播种过晚有利于春化发育，不利于营养生长。一般强冬性品种宜适当早播，弱冬性品种可适当晚播。

（三）纬度和地势不同播种期不同

小麦一生的各生育阶段，都要求相应的积温。但不同地区、不同海拔地区的光热条件不同，达到小麦苗期所要求的积温时间也不同。一般我国随纬度与海拔的提高，积温累积速度变慢、时间变长，因而应在适播期的开始段播种。而在中、低纬度和平原、低洼地区，则应在适播期的后半段播种。华北大部分地区在"秋分"种麦较为适时，各地具体播种时间均依条件的变化进行调节。

（四）根据栽培体系及苗龄指标确定不同的播种期

不同栽培体系要求苗龄指标不同，因而播种适期也不同。精播栽培体系，依靠分蘖成穗，要求冬前以大苗龄越冬（主茎 7~8 叶龄），应适当提早，在适播期的开始段播种。独秆（主茎成穗为主）栽培体系要求控制分蘖，促进主茎成穗（3~4 叶龄），则应在适播期的后半段播种。

（五）根据选用小麦品种的特性确定播种期

适期播种是随其他栽培因素而改变的相对概念。由于播种期具有严格的地区性，在理论推算的前提下，根据实践，各麦区冬小麦的适宜播期：冬性品种一般在日平均气温 16~18 ℃；半冬性品种一般在 14~16 ℃；春性品种在 12~14 ℃。在此范围内，还要根据当地的气候、土壤肥力、地形等特点进行调整。

北方春小麦主要分布在北纬 35°以北的高纬度，春季温度回升缓慢，为了延长苗期生长，争取分蘖和大穗，一般在气温稳定在 0~2 ℃、表土化冻时即可播种，东北春麦区在 3 月中旬至 4 月中旬，宁夏、内蒙古及河北坝上地区约在 3 月中旬。

（六）根据土壤墒情确定播种期

在适宜播期范围内或邻近适播期时如果墒情迅速变差，而近期又无降水或无灌水条件时，则应抢墒适当早播。

（七）根据当时天气条件确定播种期

在适播期范围内，如近期有冷空气侵入或有降水时，应选在冷空气和降水过后播种，同时应选择晴好、无风、温暖的天气播种。

二、播种量

每亩的播种量决定于基本苗数，而基本苗数是群体的起点，直接关系到最后的穗数。

（一）播种量的确定

播种量必须根据品种类型、播期早晚、茬口、土壤类型与土壤肥力、整地质量、播种方式以及目标产量等具体情况确定。精确定量栽培条件下，每亩播种量 3~4 千克，亩产可达 500 千克甚至更高；而在粗放种植时，即使播种量加大到 30~40 千克，产量也不高。

目前大面积生产推广应用的主体品种，目标产量 500 千克/亩左右，春性品种每亩成穗 30 万~35 万，半冬性品种每亩成穗 40 万~45 万。超出当地适期播种范围，每迟播 1 天，基本苗应增加 3 000~5 000 株/亩。

确定适宜基本苗以后，根据种子千粒重、发芽率和田间出苗率，即可求得播种量。

$$播种量（千克／亩）\approx \frac{基本苗（万株／亩）\times 千粒重（克）}{100 \times 种子发芽率 \times 田间出苗率} \quad (1)$$

测定千粒重：取 2 份样品，每份数出 1 000 粒称重，重量差值小于 5% 即可。

测定发芽率和发芽势：随机取小麦种子样品 4 份，每份 100 粒，均匀摆放在培养皿或盘子里，种子吸足水分后保持湿润，3 天测定发芽势，7 天测定发芽率。

测定出苗率：为了更准确计算播种量，还要测定田间出苗率。最好是在要播种的田间，条件与播种时尽量一致。多数情况下采用旱茬 80%~85%、稻茬 70%~75%、秸秆还田条件下 60%~70% 的经验数据。

（二）影响播种量的因素

在初步确定理论播种量的基础上，实际播种量还要根据当地生产条件、品种特性、播期早晚、栽培体系类型等情况进行调整。调整播种量时掌握的原则有如下几点。

1. 地力和水肥条件

土壤肥力很低、水肥条件较差的麦田，小麦的分蘖及单株成穗较少，播种量应高些。随着肥力的提高，水肥充足的麦田，小麦的分蘖及单株成穗较多，基本苗应少些，应适当减少播种量。

2. 品种特性

对营养生长期长、分蘖力强的品种，在水肥条件较好的条件下可适当减少播种量；对春性强、营养生长期短、分蘖力弱的品种可适当增加播种量；大穗型品种宜稀，多穗型品种宜密。

3. 播期早晚

播期的早晚直接决定于冬前有效积温的多少，播种量应为早稀晚密，适时播种，单株的分蘖和成穗较多，基本苗可适当少些，随着播期的推迟，单株分蘖数及成穗数都要减少。因此，随着播期的推迟，基本苗应逐渐增加。

4. 高产途径

不同栽培体系中，精播栽培，以分蘖成穗为主，播种偏早，基本苗宜少，播量低；独秆栽培，以主茎成穗为主，由于播种晚，冬前基本无分蘖，要求播量增大；常规栽培，播期适宜，主穗与分蘖并重，基本苗数居中，播种量居中。

三、播种机械

(一) 播种机的选用

应选具有施肥功能的播种机，施肥能力应达到 40 千克/亩以上。且施肥的位置应在种子侧下方 3~8 厘米（视施肥量合理调整距离，施肥量大距离就要调整得大）。在秸秆还田的农田作业，机具的覆土镇压功能较好，播肥、播种量调整灵活合理。一般在秸秆还田的农田作业，应选用具有圆盘式开沟器的播种机，以防粉碎的秸秆挂堵播种机，影响播种质量。采用铧式犁深耕的农田一般选用靴脚式开沟器即可。

（二）作业前应对播种机进行检查和调整

（1）作业前对机具进行技术状况检查　查看播种机各装置是否连接牢固，转动部件是否灵活，传动部件是否可靠，润滑状况是否良好，悬挂升降装置是否灵敏可靠。

（2）挂机调整　挂上机具后要在比较平的地方调整机具的水平位置，对于没有仿形机构的机具，水平位置2米长度误差不得大于1厘米。

（3）播种量的调整　按照当地农艺要求的播种量调整，使用免耕播种机播种时，播种量最少增加10%的播种量。

（4）播种深度的调整　播种深度控制在35厘米，要求播深一致、落籽均匀、覆盖严密。

（5）种子和肥料的量　种子箱内、肥料箱内种子和化肥应占其容积的1/3以上。

四、播种方式

（一）播种深度

掌握合适的播深是播种的首要关键环节。一般以3~5厘米为宜，底墒充足、播种偏晚、地力较差的地块，播种深度以3厘米左右为宜；墒情较差、适期播种、地力较好的地块，播种深度以4~5厘米为宜。在遇土壤干旱时，可适当增加播种深度，土壤水分过多时，可适当浅播。要防止播种过深或过浅。

（1）播种过深　如果播种太深（超过5厘米），幼苗出土消耗养分太多，地下茎过长，出苗迟，麦苗生长细弱，麦苗弱分蘖少，次生根少而弱，甚至出苗率低，无分蘖和次生根，越冬死苗率高。播种过深还会因为麦苗"难产"导致感病概率增大，加

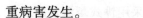

重病害发生。

若出现播种过深的情况，应及时进行扒土清棵，方法：用竹箆或铁箆从畦面中央开始顺垄横搂，当清到最后一行时，把余土全部推到畦背上即可；对于适期播种的冬小麦，冬前清棵一般从2叶期开始到小雪节气时结束。

（2）播种过浅　播种太浅（不足3厘米）会使种子落干，不利于根系发育，影响出苗，造成缺苗断垄，麦苗匍匐生长，丛生小蘖，分蘖节入土浅或裸露，越冬期分蘖节处于"饥寒交迫"状态，抗旱、抗寒能力差，越冬死苗率高，难以形成壮苗，同时越冬期间容易遭受冻害形成死苗，不利于安全越冬。但在南方稻田套播撒种小麦，虽然分蘖节较浅或在地表，但由于不常受冻害和干旱的威胁，也可获得高产。

若出现播种太浅的情况，应在出苗前及时镇压几遍，出苗后结合划锄壅土围根，必要时在越冬期采用客土覆盖或盖施"蒙头粪"，防止越冬受冻。

（二）播种方式

1. 等行距窄幅条播

机播行距一般有16厘米、20厘米、23厘米等。这种方式的优点是单株营养面积均匀，能充分利用地力和光照，植株生长健壮整齐，对亩产350千克以下的产量水平较为适宜。

2. 宽幅条播

行距和播幅都较宽，播幅7厘米，行距20~23厘米。优点：减少断垄，播幅加宽，种子分布均匀，改善了单株营养条件，有利于通风透光，适于亩产350千克以上水平的麦田使用。

3. 宽窄行条播

各地采用的配置方式有窄行20厘米、宽行30厘米，窄行17厘米、宽行30厘米，窄行17厘米、宽行33厘米等，高产田采用这种方式一般较等距增产 5%~10%。其原因，一是株间光照和通风条件得到了改善；二是群体状态比较合理；三是叶面积变幅相对稳定。

4. 小窝密植

西南地区麦田土质比较黏重，加上秋雨较多，整地播种比较困难，宜采用小窝密植方式。每亩 45 万窝左右，行距 20~23 厘米，窝距 10~12 厘米，开窝深度为 3~5 厘米，氮、钾化肥一般配在人畜粪水中充分搅匀后集中施于窝内；过磷酸钙、油饼等混在整细的堆厩肥中盖种，盖种厚度以 2 厘米左右为宜。使用小撬撬窝和小锄挖窝进行点播，近年来研制的简易点播机也可开沟点播一次完成。

土壤肥力较好的高产农田，一般适宜精量或半精量播种，播种方式多采用等行距条播，行距为 20~25 厘米，也可根据套种要求实行宽窄行播种，或在旱作栽培中采用沟播、覆盖穴播、条播等方式。精量或半精量播种可通过减少基本苗的方式，促进个体健壮生长，培育壮苗，协调群体和个体的关系，提高群体质量，实现壮秆大穗。

5. 宽幅精播

小麦宽幅精播技术是由中国工程院院士、山东农业大学余松烈教授牵头研究成功的一项小麦高产栽培技术。宽幅精播技术比传统播种技术增产 10% 以上。宽幅精播是以扩播幅、增行距、促匀播为核心，将改密集条播为宽幅精播的农机和农艺相结合的高产栽培技术。

（1）宽幅精播技术的特点　一是扩大了播幅，将播幅由传统的 3~5 厘米扩大到 7~8 厘米，改传统密集条播籽粒拥挤一条线为宽播幅种子分散式粒播，有利于种子分布均匀，提高出苗整齐度，无缺苗断垄、无疙瘩苗现象出现；二是增加了行距，将行距由传统的 15~20 厘米增加到 26~28 厘米，较宽的行距有利于机械追肥，实行条施深施，既节省肥料，也提高了肥料利用率；三是播种机有镇压功能，能起到一次性镇压土壤、耙平压实的作用，播后形成波浪形沟垄，具有增加雨水积累的优点。

（2）小麦宽幅精播栽培技术要点 一是品种的选用，选用具有高产潜力、分蘖成穗率高、亩产能达 600 千克以上的高产优质中等穗型或多穗型品种。二是培肥地力，坚持测土配方施肥，重视秸秆还田，增施氮素化肥，培肥地力；采取有机无机肥料相配合，氮、磷、钾平衡施肥，增施微肥的施肥方式。三是夯实播种基础，坚持深耕深松、耕耙配套，重视防治地下害虫。四是适期足墒播种，播期在 10 月 10—15 日，播量在 6~9 千克。五是加强冬前管理，冬前合理运筹肥水，促控结合，化学除草，安全越冬。六是强化春季管理，早春划锄增温保墒，提倡返青初期搂枯黄叶，拔苗清棵。七是氮肥后移，追施氮肥适当后移，重视叶面喷肥，延缓小麦植株衰老，最终达到调控群体与个体矛盾，协调穗、粒、重三者关系，以较高的生物产量和经济系数达到小麦高产的目标。

（三）播种的均匀度

一是行内籽粒分布要均匀，不缺苗断垄，也不形成"疙瘩苗"，保证出苗后每个个体都有同等的生存和生长空间，以实现匀苗、壮苗；二是行间的均匀度，田间各行的下种量应一致，避免一行宽一行窄的现象发生，这是对播种机和机手的考验；三是播种深度的均匀一致，生产中一次播种作业面内，若行距不等，不同行间深度差别很大，会严重影响高产群体的创建和均衡增产。

五、播后镇压

镇压可以减少土壤孔隙，调节空气流通，减少水分蒸发，增加毛细管水上升到表层，为小麦发芽和生长创造条件。针对旋耕整地，特别是秸秆还田条件下耕层土壤过于疏松、透风失墒快的问题，研制麦田镇压器，解决麦田镇压缺乏器械的问题。以手扶拖拉机为配套动力，镇压作业效率9.2亩/时，在地块长130米、宽28.6米的试验条件下，油耗113.5克/亩，燃油、人工及机械成本合计不超过4.0元/亩。

测定结果表明，通过镇压作业，土壤容重、表层土壤含水量、小麦田间出苗率均明显提高，苗情素质相应改善，抗寒能力增强，冬春冻害死苗率大幅度降低，特别是在秸秆全量还田条件下，播后镇压的全苗、壮苗效果尤为突出。

六、开沟

开沟的目的是建立田间灌排通道，便于抗旱、排涝、降渍，提高抵御自然灾害的能力。

（一）开沟时间

"麦田一套沟，从种管到收"。无论是耕翻还是旋耕整地，播种后都要尽快开沟。特别是在黏土稻茬地区，播种期间干旱年份需沟灌洇水齐苗，更要及时做到三沟配套。

（二）开沟密度与标准

开沟密度因区域和茬口类型而异。淮北旱茬地区间距可略大，苏中、苏南稻茬地区则应加密。一般标准：正常播种方式条件下，间隔3~4米开1条竖沟，稻田套播条件下，可2~3米开1条竖沟，竖沟深15~20厘米，腰沟深20~25厘米，地头沟深25~30厘米，三沟连接畅通。

第四章 小麦田间管理技术

第一节 小麦苗期管理

一、冬前及越冬期麦田管理

从播种出苗到越冬开始（日平均气温降到 2 ℃以下）是小麦的冬前生长时期。适期播种的冬小麦一般经历 50~60 天。从年前平均气温降至 2 ℃以下开始到翌年平均气温回升到 2 ℃左右时为止，一般称为小麦越冬期。冬小麦从出苗到越冬具有"三长一完成"的生育特点，即长叶、长根、长分蘖和完成春化阶段。其田间管理的调控目标：在适播期高质量播种，争取麦苗达到齐、匀、全，促弱控旺，促根增蘖，力促年前成大蘖和壮蘖，培育壮苗，为翌年多成穗、成大穗奠定良好基础，并协调好幼苗生长与养分贮存的关系，确保麦苗安全越冬。

（一）查苗补苗，疏密补缺

小麦群体虽然具有一定的自动调节能力，但缺苗断垄仍对小麦产量影响很大。因此，在小麦刚出苗时，就要及时进行查苗补种。要求无漏播、无缺苗断垄。一般行内 15 厘米一段无苗为缺苗，15 厘米以上行段无苗为断垄。为了使补种的种子早出土，可将补种的麦种在冷水中泡 24 小时后晾干播种，确保苗全苗匀。若补种后仍有缺苗断垄，可在越冬前 20~30 天疏密补稀，移栽补苗，补栽时要做到"上不压心，下不露白"。栽后要浇水踏实，以利于成活。

对播量大而苗多者或田间疙瘩苗，要采取疏苗措施，保证麦苗密度适宜，分布均匀。

（二）破除地面板结

播种后遇雨或浇"蒙头水"（播种后进行田面灌水）后，要及时破除地面板结，以利于出苗。浇冻水过早的麦田要及时进行划锄，既可以锄草，又可以松土保墒，并可避免由于土壤龟裂造成的冬季干寒风侵袭死苗。

（三）看苗分类管理

1. 弱苗管理

对因误期晚播、积温不足导致的苗小、根少、根短的弱苗，冬前只宜浅中耕，以松土、增温、保墒为主，促苗早发快长。冬前一般不宜追肥浇水，以免降低地温，影响幼苗生长。对整地粗放，地面高低不平，明、暗坷垃较多，土壤暄松，麦苗根系发育不良，生长缓慢或停止的麦田，应采取镇压、浇水、浇后浅中耕等措施来补救。对播种过深、麦苗瘦弱、叶片细长或迟迟不出的麦田，应采取镇压和浅中耕等措施以提墒保墒。对于因地力、墒情不足等造成的弱苗，要抓住冬前有利时机追肥浇水，一般每亩追施尿素 10 千克左右，并及时中耕松土，促根增蘖、促弱转壮。

2. 壮苗管理

对壮苗应以保为主，要合理运筹肥水及中耕等措施，以防止其转弱或转旺。对肥力基础较差但底墒充足的麦田，可趁墒适量追施尿素等速效肥料，以防脱肥变黄，促苗一壮到底。对肥力、墒情均不足，只是由于适时早播，生长尚属正常的麦田，应及早施肥浇水，防止由壮变弱。对底肥足、墒情好，适时播种，生长正常的麦田，可采用划锄保墒的办法，促根壮蘖，灭除杂草，一般不宜追肥浇水，若出苗后长期干旱，可普浇一次分蘖盘根水；若麦苗长势不匀，可结合浇分蘖水点片追施尿素等速效肥料；若土壤不实，可浇水以踏实土壤，或进行碾压，以防止土壤空虚透风。

3. 旺苗管理

对于因土壤肥力基础较好、底肥用量大、墒情适宜、播期偏早而生长过旺，冬前群体有可能超过 100 万株/亩的麦田，应采取深中耕或镇压等措施，以控大蘖促小蘖，争取麦苗由旺转壮。对于地力并不肥，只是因播种量大，基本苗过多而造成的群体大、麦苗徒长、根系发育不良且有旺长现象的麦田，可采取镇压并结合深中耕措施，以控制主茎和大蘖生长，控旺转壮。

(四) 适时冬灌

小麦越冬前适时冬灌是保苗安全越冬、早春防旱、防倒春寒的重要措施。对秸秆还田、旋耕播种、土壤悬空不实或缺墒的麦田必须进行冬灌。冬灌应注意掌握以下技术要点。

1. 适时冬灌

冬灌过早，气温过高，易导致麦苗过旺生长，且蒸发量大，入冬时失墒过多，起不到冬灌应有的作用。灌水过晚，温度太低，土壤冻结，水不易下渗，很可能造成积水结冰而死苗，对小麦根系发育及安全越冬不利。适时冬灌的时间一般在日平均气温 7~8 ℃时开始，到 0 ℃左右夜冻昼消时完成，即在"立冬"至"小雪"期间进行。

2. 看墒看苗冬灌

小麦是否需要冬灌，一要看墒情，凡冬前土壤含水量沙土地在 15%左右，两合土在 20%左右，黏土地在 22%左右，地下水位高的麦田可以不冬灌；凡冬前土壤湿度低于田间持水量 80%且有浇水条件的麦田，都应进行冬灌。二要看苗情，单株分蘖在

1.5 个以上的麦田，比较适宜冬灌，一般弱苗特别是晚播的单根独苗，最好不要冬灌，否则容易发生冻害。

3. 按顺序冬灌

一般是先灌渗水性差的黏土地、低洼地，后灌渗水性强、失墒快的沙土地；先灌底墒不足或口墒较差的二类、三类麦田，后灌墒情较好、播种较早，并有旺长趋势的麦田。

4. 适量冬灌

冬灌水量不可过大，以能浇透、当天渗完为宜，小水慢浇，切忌大水漫灌，以免造成地面积水，形成冰层使麦苗窒息而死苗。

5. 灌后划锄

浇过冬水后的麦田，在墒情适宜时要及时划锄松土，以免地表板结、龟裂，透风伤根而造成黄苗、死苗。

6. 追肥与冬灌

对于基肥较足、地力较好的麦田，浇冬水时一般不必追肥。但对于没施基肥或基肥用量不足、地力较差的麦田，或群体、个体达不到壮苗标准（每亩群体在 50 万株以下）的麦田，可结合浇越冬水追氮素肥料，一般每亩追施尿素 5~7.5 千克，以促苗升级转化。除氮肥外，基肥中没施磷、钾肥的麦田，还应在冬前追施磷、钾肥。

特别提示：对于墒情较好的旺长麦田，可不浇越冬水，采取冬前镇压技术以控制地上部旺长，培育冬前壮苗，防止越冬期低温冻害。

（五）中耕镇压防旺长

每次降雨或浇水后要适时中耕保墒，破除板结，促根蘖健壮发育。小麦中耕，苗期一般进行 3 次，即分蘖始期 1 次，宜浅耕，以促根促蘖；年前分蘖盛期 1 次，可深锄 5~6 厘米，控制群体；早春1次，宜浅锄，促进春发。

对群体过大、过旺麦田，可采取深中耕断根或镇压措施，控旺转壮，保苗安全越冬。播种过早的旺苗，幼苗叶片细长，分蘖不足，主茎和部分大蘖冬前就进入二棱期。这类旺苗往往前旺后弱，冬季遇连续5小时-10~-8℃低温会冻伤，应适期镇压，以抑制麦苗主茎和大蘖生长，控制旺长。镇压宜选在晴天的早晨进行，有霜冻或露水未干时不能镇压，以免伤苗，镇压后及时划锄，浇冻水，同时每亩施碳酸氢铵10~15千克。必要时喷施1次0.2%~0.3%矮壮素溶液，以抑制旺长，防御冻害。通过镇压，促进低位分蘖早生快发，形成壮苗越冬。

（六）覆盖防冻

1. 覆盖秸秆

冬前在旱地小麦行间每亩撒施300~400千克麦糠、碎麦秸或其他植物性废弃物，既保墒，又防冻，腐烂后还可以改良土壤，培肥地力，是旱地小麦抗旱、防冻、增产的有效措施。

2. 盖粪

在小麦进入越冬期后，顺垄撒施一层粪肥，可以避风保墒，增温防冻，并为麦苗返青生长补充养分。盖粪的厚度以3~4厘米为宜；粪肥不足时，晚茬麦田、浅播麦田、沙土地麦田以及播种弱冬性品种的麦田要优先盖。

3. 壅土围根

在越冬前麦苗即将停止生长时，结合划锄，壅土围根，可以有效防止小麦越冬期受冻；冻害严重的年份效果尤为明显，一般可增产5%~10%。

（七）做好杂草冬治

杂草于冬前11月至12月上旬进行防除，因为此时田间杂草基本出齐（出土80%~90%），且草小（2~4叶）、抗药性差，小麦苗小（3~5叶），遮蔽物少，暴露面积大，施药效果好，一次施药，基本全控，而且施药早间隔时间长，除草剂残留少，对后茬作物影响小，是化学除草的最佳时期。应于 11 月至 12 月上旬，日平均气温 10 ℃以上时及时防除麦田杂草。对野燕麦、雀麦、节节麦均存在的地块，可以每亩用 4%双氟·二磺可分散油悬浮剂 28 毫升，加 5%氟唑磺隆可分散油悬浮剂 25 毫升，加 280克/升烷基乙基磺酸盐可溶液剂 80 毫升，兑水 30 千克喷雾。如田间有阔叶杂草，如播娘蒿、荠菜、猪殃殃等，可再加 46%2 甲·双氟悬浮剂 40 毫升，同上述药剂一起兑水喷雾即可。

（八）做好防治病虫工作

越冬前主要害虫是蝼蛄、金针虫、麦秆蝇、蚜虫等，多发性病害有锈病、白粉病、全蚀病等，要注意监测，控制发病中心，及时防治。

（九）严禁麦田放牧啃青

越冬期间保留下来的绿色叶片，返青后即可进行光合作用，它是刚恢复生长时所需养分的主要来源。"牛羊吃叶猪拱根，小鸡专叼麦叶心。"畜禽啃麦，直接减少光合面积，严重影响干物质的生产与积累；啃青损伤植株，使其抗冻耐寒能力大大降低；啃去主茎或大蘖后，翌年春天虽可再发小蘖并成穗，但分蘖成穗率明显下降，且啃青后的小蘖幼穗分化开始时间晚，历期短，最终导致穗小粒少，茎秆纤弱，易倒伏，且成熟期推迟，粒重大幅度下降。一般啃麦次数越多，减产越严重。因此，各级各类麦田均要加强冬前麦田管护，管好畜禽，杜绝畜禽啃青，以免影响小麦产量。

二、春季培管技术

小麦冬前苗情偏弱，春季田间管理应按照"以促为主、促控

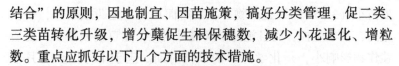

结合"的原则，因地制宜、因苗施策，搞好分类管理，促二类、三类苗转化升级，增分蘖促生根保穗数，减少小花退化、增粒数。重点应抓好以下几个方面的技术措施。

（一）及早镇压，保墒增温促早发

春季镇压可压碎土块，弥封裂缝，使经过冬季冻融疏松了的土壤表土层沉实，使土壤与根系密接，有利于根系吸收养分，减少水分蒸发。因此，对于吊根苗和耕种粗放、坷垃较多、秸秆还田导致土壤暄松的地块，一定要在早春土壤化冻后进行镇压，沉实土壤，减少水分蒸发和避免冷空气侵入分蘖节附近冻伤麦苗；对没有浇水条件的旱地麦田，在土壤化冻后及时镇压，促使土壤下层水分向上移动，起到提墒、保墒、增温、抗旱的作用。早春镇压要和划锄结合起来，先压后锄，以达到上松下实、提墒保墒、增温、抗旱、促早发的作用。

（二）适时进行化学除草，控制杂草为害

麦田除草最好在冬前进行，但受冬前干旱、降温较早等因素的影响，冬前化学除草面积相对较少。因此，适时搞好春季化学除草工作尤为重要。在北方，要在小麦返青初期及早化学除草。但要避开倒春寒天气，喷药前后 3 天内日平均气温在 6 ℃以上，日最低气温不能低于 0 ℃，白天喷药时气温要高于 10 ℃。针对麦田杂草群落结构，可选择如下除草剂。

双子叶杂草中，以播娘蒿、荠菜等为主的麦田，可选用双氟磺草胺、2 甲 4 氯钠、2,4-滴异辛酯等药剂；以猪殃殃为主的麦田，可选用氯氟吡氧乙酸、双氟·氟氯酯、双氟·唑嘧胺等；对于以猪殃殃、荠菜、播娘蒿等阔叶杂草混生的麦田，建议选用复配制剂，如双氟·氟氯酯、双氟·氯氟吡、双氟·唑草酮等，可扩大杀草谱，提高防效。

单子叶杂草中，以雀麦为主的小麦田，可选用啶磺草胺+安全助剂，或氟唑磺隆，甲基二磺隆+安全助剂等防治；以野燕麦为主的麦田，可选用炔草酯、精噁唑禾草灵等防治；以节节麦为主的麦田，可选用甲基二磺隆+安全助剂等防治；以看麦娘、硬草为主的麦田可选用炔草酯、精噁唑禾草灵等防治。

双子叶和单子叶杂草混合发生的麦田可用以上药剂混合进行茎叶喷雾防治，或者选用含有以上成分的复配制剂。要严格按照药剂推荐剂量喷施除草剂，避免随意增大剂量对小麦及后茬作物造成药害，禁止使用长残效除草剂如甲磺隆等。

（三）分类指导，科学施肥浇水

肥水管理要因地因苗制宜，突出分类指导。

1. 三类麦田

三类麦田多属于晚播弱苗，春季田间管理应以促为主。尤其是"一根针"或"土里捂"麦田，要通过"早划锄、早追肥"等措施促进苗情转化升级。一般在早春表层土化冻2厘米时开始划锄，拔节前力争划锄2~3遍，增温促早发。同时，在早春土壤化冻后及早追施氮素化肥和磷肥，促根增蘖保穗数。只要墒情尚可，应尽量避免早春浇水，以免降低地温，影响土壤透气性等，导致麦苗生长发育延缓。待日平均气温稳定在5℃时，三类苗可以同时施肥浇水，每亩施尿素5~8千克，促三类苗转化升级；到拔节期每亩再施尿素8千克，促进穗花发育，增加每穗粒数。

2. 二类麦田

二类麦田属于弱苗和壮苗之间的过渡类型，春季田间管理的重点是促进春季分蘖的发生，巩固冬前分蘖，提高冬春分蘖的成穗率。一般在小麦起身期进行肥水管理，结合浇水亩追尿素15千克左右。

3. 一类麦田

一类麦田多属于壮苗麦田，在管理措施上要突出氮肥后移。

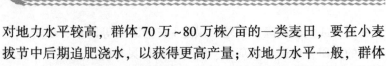

对地力水平较高，群体 70 万~80 万株/亩的一类麦田，要在小麦拔节中后期追肥浇水，以获得更高产量；对地力水平一般，群体 60 万~70 万株/亩的一类麦田，要在小麦拔节初期进行肥水管理。一般结合浇水每亩追施尿素 15~20 千克。

4. 旺长麦田

旺长麦田由于群体较大、叶片细长，拔节期以后，容易造成田间郁闭、光照不良，从而导致倒伏。主要应采取以下管理措施。

一是镇压。返青期至起身期镇压可有效抑制分蘖增生和基部节间过度伸长，调节群体结构，提高小麦抗倒伏能力，是控旺转壮的重要技术措施。注意在上午霜冻消除、露水消失后再镇压。旺长严重地块可每隔 1 周左右镇压 1 次，共镇压 2~3 次。

二是因苗确定春季追肥浇水时间。对于年前植株营养体生长过旺、地力消耗过大、有"脱肥"现象的麦田，可在起身期追肥浇水，防止过旺苗转弱苗；对于没有出现脱肥现象的过旺麦田，早春不要急于施肥浇水，应在镇压的基础上，将追肥推迟到拔节后期，一般施肥量为每亩追施尿素 12~15 千克。

5. 旱地麦田

旱地麦田由于没有浇水条件，应在早春土壤化冻后抓紧进行镇压划锄、顶凌耙耱等，以提墒、保墒。弱苗麦田，可在土壤返浆后，借墒施入氮素化肥，促苗早发；一般壮苗麦田，应在小麦起身至拔节期间降雨后，抓紧借雨追肥。一般亩追施尿素 12 千克。对底肥没施磷肥的要在氮肥中配施磷酸二铵，促根下扎，提高抗旱能力。

(四) 精准用药，绿色防控病虫害

返青拔节期是麦蜘蛛的为害盛期，也是纹枯病、茎基腐病、根腐病等根茎部病害的侵染扩展高峰期，要抓住这一多种病虫混合集中发生的关键时期，根据当地病虫发生情况，以主要病虫为目标，选用适宜杀虫剂与杀菌剂混用，一次施药兼治多种病虫。要精准用药，尽量做到绿色防控。防治纹枯病、根腐病可每亩选用250克/升丙环唑乳油30~40毫升，或用300克/升苯醚·丙环唑乳油20~30毫升，或用240克/升噻呋酰胺悬浮剂20毫升喷小麦茎基部，间隔10~15天再喷1次；防治麦蜘蛛宜在10：00以前或16：00以后进行，可每亩用5%阿维菌素悬浮剂4~8克或4%联苯菊酯微乳剂30~50毫升。

（五）密切关注天气变化，防止早春冻害

早春冻害（倒春寒）是早春常发灾害。防止早春冻害最有效的措施是密切关注天气变化，在降温之前灌水。由于水的比热容比空气和土壤的比热容大，因此早春寒流到来之前浇水能使近地层空气中水汽增多，在发生凝结时，放出潜热，以减小地面温度的变幅。因此，有浇灌条件的地区，在寒潮来前浇水，可以调节近地面层小气候，对防御早春冻害有很好的效果。

小麦是具有分蘖特性的作物，遭受早春冻害的麦田不会将全部分蘖冻死，另外还有小麦蘖芽可以长成分蘖成穗。只要加强管理，仍可获得好的收成。因此，早春一旦发生冻害，就要及时进行补救。主要补救措施如下。一是抓紧时间，追施肥料。对遭受冻害的麦田，根据受害程度，抓紧时间，追施速效化肥，促苗早发，提高2~4级高位分蘖的成穗率。一般每亩追施尿素10千克左右。二是及时适量浇水，促进小麦对氮素的吸收，平衡植株水分状况，使小分蘖尽快生长，增加有效分蘖数，弥补主茎损失。三是叶面喷施植物生长调节剂。小麦受冻后，及时叶面喷施植物细胞膜稳态剂、复硝酚钠等植物生长调节剂，可促进中、小分蘖的迅速生长和潜伏芽的快发，明显增加小麦成穗数和千粒重，显著增加冻害麦田小麦产量。

第二节　小麦返青期管理

一、小麦返青起身期的管理

在冬麦区，当春季天气回暖，温度升至 2~4 ℃时，小麦即从越冬状态恢复生长；至返青时，麦田呈现明快的绿色。小麦返青也是其一生中的重要转折时期，冬前壮苗能否安全越冬，转为春季壮苗，并进而发育为壮株，是小麦能否高产的重要环节。返青起身期是决定每穗小穗数目，提高成穗率，为穗数增多奠定基础的主要时期。其管理要点如下。

（一）搂麦和压麦

搂麦（或锄麦）可以松土保墒，还能提高地温，促进根系发育。在大田生产中，是否搂麦，要根据具体条件来决定。对有旺长趋势的麦田可深搂（锄），以抑制春季分蘖发生。如果冻水浇得适时、适量，经冬、春冻融作用后形成松散的表层，即可不必搂麦。若冻水浇得早，或秋、冬温度过高，土壤失水严重，地表龟裂、板结时，应在早春及时搂麦（或锄地），以便弥合裂缝，松土保墒。对这类麦田，也可在地表化冻 5 厘米左右时，在晴天的下午进行压麦，可以起到弥缝保墒的作用。对有旺长趋势的麦田，早春压麦有抑制旺长、防止倒伏的积极作用。

（二）返青后中耕

小麦返青后对麦田进行中耕，可以增温保墒，消灭杂草，促进麦苗健壮生长。对弱苗或受冻的麦田，要浅中耕，防止伤根。对于旺长或有旺长趋势的麦田，应进行深耕断根，控制地上部生长，变旺苗为壮苗。对群体大、个体弱的假旺苗，一般不宜深中耕，可采取人工剔苗、横耙疏苗等措施，控制群体增长。

（三）返青期追肥

返青期追肥要根据苗情、地力等决定是否实施。

1. 弱苗

对于由各种原因引起的弱苗，返青期施肥对促其转壮和增加穗数是有利的。对于冻害严重的麦田、晚播麦田、脱肥发黄麦田和群体小的麦田要趁墒追肥，每亩施尿素 10 千克或硝酸磷肥 18 千克，到拔节期再视苗情追施 1 次肥。对于施肥充足或已施用冬肥的麦田，则不能再施返青肥。追肥要注意土壤墒情，墒情不足的要结合浇水进行。

2. 旺苗和壮苗

对于在秋、冬已建立了适宜群体的壮苗和偏旺苗，只要不表现脱肥，返青期则不必施肥，以免造成群体过大。

（四）返青期浇水

是否浇返青水，应视墒情、地力、温度和苗情而定。土壤墒情适宜时，返青期一般不浇水，以免浇水后造成地面板结，降低地温而影响返青。对于未浇冻水或冻水浇得过早，越冬期间严重失墒，返青期 0~50 厘米土层的水分严重亏缺，特别是当分蘖节处于干土层而影响返青时，应及时浇返青水。浇水的时间应在 5 厘米平均地温稳定在 5 ℃以上时进行，返青水浇得太早，有时会引起早春冻害。

（五）起身期（二棱期）肥水

由于二棱期肥水以保蘖增穗为主要目的，因此是否需要施用二棱期肥水，应以是否需要保蘖为主要衡量指标。

①若年前群体适中或较大，基肥和地力充足，不施二棱期肥水也能确保要求的穗数时，则可以不施或减量施用，以取其利避其害。

②若冬前基本苗少，群体偏小，基肥少而又地力弱时，则应酌情施用，以确保穗数。

③对于晚播麦田，在基本苗够数、基肥施用充足、而墒情又较好时，则不应施用二棱期肥水，以免延迟成熟，造成减产。

值得注意的是，单棱期肥水和二棱期肥水效应基本相同，需要施用时只择其一。若返青期不需补水，一般以二棱期肥水为好。单棱期肥和二棱期肥的施肥量不宜过大，以能起到保蘖作用而在拔节前又不脱肥为原则。一般施肥量占全生育期总施肥量的1/4左右。若施肥量过大，常导致中上部叶片过大，基部节间过长，田间郁闭，穗数过多，进而引起倒伏。

（六）做好病虫害防治

小麦返青后以纹枯病、白粉病等病害为主要防治对象，在小麦拔节前，用12.5%烯唑醇可湿性粉剂，每亩30克，兑水40千克，重点喷洒小麦茎基部进行防治。对小麦蚜虫，可用4.5%氯氰菊酯乳油，每亩30~40毫升，兑水40千克喷雾防治。对红蜘蛛，可用1.8%阿维菌素乳油，每亩8~10毫升，兑水40千克喷雾防治。

（七）预防晚霜冻害

3月中下旬至4月初常会出现程度较强的寒流天气，要密切注意天气变化，在寒流到来以前抓紧浇水，平抑麦田地温，预防冻害发生。

（八）提前拔除杂草

起身拔节期是便于区别野燕麦、大麦和杂株的关键时期。对一些种子繁殖田而言，要结合春灌拔除野燕麦、大麦和杂株等，提高小麦种子田纯度。

二、小麦返青期水肥管理方法

（一）误区一：返青水越早浇越好，返青肥越早施越好

从返青开始（新年后发出第一片心叶）到拔节之前，历时约一个月，属苗期阶段的最后一个时期，这个时期的生长主要是生根、

长叶和分蘖。在2月中上旬浇水施肥，容易发青苗而不发好苗。

正确方法：返青水肥应结合小麦的生长情况、田间持水量的多少进行施用，对于麦苗长势弱、单株分蘖少的麦田，要在返青期及时施肥浇水；对于麦苗土壤墒情和麦苗生长正常的麦田，春季施肥、灌溉可推迟到拔节末期进行。

（二）误区二：**重施氮肥忽视磷钾肥**

氮肥过多，磷、钾肥不足会造成小麦无效分蘖增加，茎秆细弱，抗倒伏、抗寒、抗病能力下降，容易遭受春季倒春寒冻害，中后期病虫害加重，且易倒伏，影响小麦千粒重及产量的提高。

正确方法：应控制和减少氮肥投入，补施磷、钾肥，建议选用中氮低磷钾配方的复合肥，以增强小麦整体抗性。

（三）误区三：**用量越多越好，尤其是氮肥**

有的农民追施返青氮肥过多，认为越多施越好，而不是根据土壤肥力水平和小麦产量水平来确定返青肥的施入量。还有的农民盲目效仿别人施肥，结果是小麦长势过旺，但产量低。

正确方法：返青期施肥对弱苗转壮和增加穗数有利，因而要对因地力不足等原因引起的弱苗及早施返青肥，最好在小麦抽生1叶时施入。但对施肥充足或已施用冬肥的麦田就不能再施返青肥了。对在秋冬已形成壮苗的群体和偏旺苗，只要不表现出脱肥症状，返青期就不必施肥，防止群体过大。对年前已经苗情过旺（群体过大）的田块，应及时采取化控或在起身前深耕断根的措施防治过旺，并将施肥后浇水时间推迟到拔节后期甚至到旗叶露尖时。

第三节　小麦拔节期管理

一、调控小麦过早拔节

小麦遇到暖冬，容易引起小麦前期旺长，从而过早拔节，导

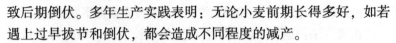

致后期倒伏。多年生产实践表明：无论小麦前期长得多好，如若遇上过早拔节和倒伏，都会造成不同程度的减产。

（一）过早拔节的害处

一是由于营养生长旺盛，叶面积系数过大消耗养分；二是由于茎秆脆弱造成倒伏；三是因为荫蔽严重遭受病害；四是降低小麦淀粉品质。

（二）预防过早拔节的措施

1. 改善根际环境，抑制无效分蘖

对于条播的小麦，当进入分蘖盛期后，要深中耕、勤中耕。一是可以切断一部分根系，减少对肥水的吸收；二是可以抑制新生分蘖；三是可以使无效分蘖死亡；四是可以降低密度，增强通风透光性能。中耕深度要达 7~8 厘米。

2. 增加压麦强度，控上促下生长

对于已经旺长的小麦，可用木磙或石磙对麦苗进行镇压，一般镇压 1~2 次，营养生长旺盛的镇压 3 次。一是可以保墒扎根；二是可以保温防冻；三是可以控上促下，缩短小麦茎秆第一和第二节间长度，促进茎秆苗壮，增强抗倒伏能力。

3. 区别不同苗情，分别酌情追肥

对于抓住了季节、施足了底肥以及前茬为棉花、桃肥施得较足的小麦，可以不追肥或少追肥，以防助苗旺长。对于播种较迟分蘖较少、个体发育不足的小麦，一是可以追分蘖肥，每亩施尿素 8 千克左右；二是可以追拔节肥，每亩施碳酸氢铵 20~25 千克。

4. 科学化学调控，协调小麦平稳生长

为了防止小麦倒伏，要选用延缓型的植物生长调节剂，使小麦内源赤霉素的生物合成受阻，控制细胞伸长，但不抑制细胞分裂，控制营养生长，促进生殖生长，从而使小麦根系发达，节密叶厚，叶色深绿，增强抗倒伏能力。

对于长势较旺的麦苗，一般在小麦起身期每亩喷施 20% 多唑·甲哌鎓微乳剂 30~40 毫升，兑水 50 千克。

在喷施以上化学调节剂时，要严格按照剂量施用，不重喷不漏喷，选择晴天午后喷施。一旦发现施用浓度过大对小麦产生抑制作用，可喷施 0.01% 芸苔素内酯可溶液剂或 50 毫克/升的赤霉酸解除药害。

二、预防小麦拔节初期基部节间过长

查看小麦基部第一、第二节间长度，正常情况下，随着气温回升，小麦节间从基部第一节到穗下节逐步加长，基部第一、第二节间一般在 3 厘米以下，如果基部第一、第二节间长度超过 5 厘米，则为基部节间过长的拔节异常现象。

春季拔节初期，由于气温快速回升，小麦生长加快，基部第一、第二节间快速伸长，超过 5 厘米，将会导致株高过高，超过 85 厘米，后期遇到大风天气极易倒伏，造成小麦减产。

（一）发生原因

春季拔节初期，气温快速回升至 25 ℃ 以上，基部节间快速生长，造成基部节间过长。

（二）预防措施

春季拔节初期，如遇到气温回升过快的异常高温天气，要及时喷洒甲哌鎓等抑制生长的化控药剂，防止基部节间的快速生长。

三、预防小麦拔节期节间伸长异常

小麦地上部分多数有 5 个节间伸长，小麦节间伸长异常现象表现为：一是个别品种或有些年份出现 6 个节间伸长的现象，即分蘖节的最后一节也伸长，表现为六节小麦，而较小的分蘖由于发育较晚，仍为 5 个节间伸长；二是个别春性品种或有些年份出现 4 个节间伸长的现象，即使有多个分蘖的小麦也都表现为 4 个节间伸长。

（一）发生原因

出现 6 个节间伸长情况的主要原因是春季小麦返青期气温回升较早、较快，小麦分蘖节上的节间也开始伸长，造成伸长节间数增多。出现 4 个节间伸长情况的主要原因是春性品种总叶片（节数）较少，发育较快，返青期气温回升时只有 4 个节间可伸长生长。

（二）预防措施

茎生节间数并不直接影响小麦的产量。但多数情况下，由于返青期气温回升快，拔节期气温高，会导致节间数增多，基部节间过长，因此要采取喷施甲哌鎓等措施，防止株高过高、后期倒伏。茎生 4 个节间对小麦生产无直接影响。

四、防止小麦拔节期植株狂长

（一）拔节期植株狂长表现

小麦在拔节阶段，各节间快速伸长，株高可达 90 厘米以上；秸秆细长、弯曲，叶片长而下披；单株分蘖多，大小分蘖"齐头并进"；麦田群体大，每亩总茎数超过 100 万，极易发生倒伏。

小麦拔节期查看分蘖两极分化情况，大小分蘖没有出现两极分化情况，即小分蘖不能较快萎缩死亡，与大分蘖一起生长，就会出现群体过大、植株狂长的现象。

（二）发生原因

土壤肥力高，施肥量过大，特别是小麦拔节期分蘖开始两极分化时，由于土壤水分充足、营养过剩，大、小分蘖一起长，小分蘖没有得到有效控制。

（三）预防措施

在小麦拔节期分蘖开始两极分化时，要严格控制土壤水分和肥料供应；对土壤肥力高、群体大的麦田，控制土壤水分在田间持水量的 55% 以下，不能追肥，限制小分蘖继续生长，促进大、小分蘖两极分化，保证麦田群体回归到每亩 45 万～50 万茎。

五、拔节期的管理技术

在小麦幼穗分化进入小花分化期（春 3 叶伸出）时，茎的基部伸长节间开始明显伸长活动，这种伸长活动叫作"生理拔节"。当第一伸长节间露出地面 1.5～2 厘米时，叫作"农学拔节"，也就是栽培上习惯讲的"拔节"。从雌、雄蕊原基分化至药隔形成期都可以看作栽培上的拔节期。所以，拔节期管理又常称为药隔期管理。

（一）肥水管理

拔节期是小麦一生中肥水管理的重要时期。拔节期管理有利于提高小麦分蘖成穗率和穗粒数。因此，加强小麦拔节期肥水管理十分重要。

对于一类麦田，在拔节中期结合浇水，每亩可追高氮复混肥或复合肥（32-4-4、23-5-5）20～25 千克；对于起身期追过肥的二类麦田，拔节期不必追肥，根据墒情进行浇水；对于返青期追过肥的三类麦田，在拔节期后期进行第二次追肥，一般结合浇水，每亩可追高氮复混肥或复合肥 10～15 千克。

（二）预防倒春寒

小麦拔节后，抗寒能力明显下降，春季气候变化异常。因此，要密切关注天气变化，做好防冻、减灾工作。在寒流到来之前，采取普遍浇水、喷洒防冻剂等措施，预防晚霜冻害。一旦发生冻害，要及时采取浇水施肥等补救措施，促进麦苗尽快恢复生长。

（三）重视病虫害防治

小麦拔节期是多种病虫害发生的主要时期，要做好预测预报，若要达到防治指标，应及早进行防治。要重点注意防治小麦全蚀病、纹枯病、小麦吸浆虫、红蜘蛛等病虫的为害。

小麦色相异常原因主要是植物营养失调、病虫害和逆境危害。应学会"察颜观色"，从异常色相中辨别原因，并开展具有针对性的麦田管理。

第四节　小麦穗期管理

一、孕穗、抽穗期的麦田管理

小麦进入孕穗阶段，营养体和结实器官已基本形成，单位面积穗数和每穗小穗数、小花数也已基本形成，但此期麦田管理对小穗、小花结实率影响极大，是制约每穗粒数的重要时期，同时对后期建造高光效的群体也有很大影响。其田间管理技术要点如下。

（一）保证水分供应

小麦拔节以后需要充足的水分供应。这时要求土壤干旱时应及时进行灌溉，否则可造成小穗不孕和小花不孕，使小麦穗粒数减少，产量大幅度下降。对于群体较大的麦田，注意不要在有大风的情况下浇水，以免浇水后由于大风而造成根倒。

但也不能盲目灌溉，应根据叶色和土壤墒情而定，否则易引起小麦渍害。故要做到沟直底平、沟沟相通，做到雨住田干，雨天排明水，晴天排暗水，降低地下水位，改善土壤通气条件，为多雨环境下的小麦生长创造良好的土壤环境。小麦受渍后，根际呼吸受阻，引起烂根、黄叶而早衰，同时渍害会引起病害，故应注意及时搞好清沟防（排）渍工作。

（二）酌情追肥

孕穗期是否追肥，要看地力和苗情。当小麦拔节时群体发展不足、落黄过早、地瘦苗稀、有明显脱肥时，要早施重施拔节孕穗肥，充分供给养分，争取较多的分蘖变成有效穗。

拔节时群体适宜，起身拔节前茎蘖数较多，叶色正常褪淡，第一节间已经定长时，可酌情追施拔节孕穗肥。

对拔节时群体偏大、叶片浓绿披垂、生长过旺的麦田，孕穗肥无叶色褪淡现象，可以不施拔节孕穗肥，以防贪青晚熟而减产。

叶面喷硼可显著提高小麦产量 10% 以上。小麦对硼的敏感期为孕穗期和花期。孕穗期缺硼，影响雌蕊、雄蕊的正常发育。扬花受精受抑，空壳率增加，千粒重下降。在孕穗期和灌浆期各喷洒 1 次，每亩施用高磷酸二氢钾 100～200 克＋"硼肥" 15 克（含纯硼≥20.5%）＋尿素 100 克，兑水 15 千克均匀喷施。

（三）及早防治病虫害

小麦进入孕穗期后，容易发生病虫害。小麦孕穗期的病虫害主要有锈病、白粉病、纹枯病、红蜘蛛和小麦吸浆虫等，要根据田间病虫害的发生为害程度及时进行防治。

（四）防止倒伏

小麦孕穗、抽穗后，由于植株高度增加，地上部重量增大，茎秆发育尚不充实等，在遇到不利天气条件或管理不当时，常易倒伏。为了防止过早发生倒伏，对群体过大的麦田，一要做到控制灌水量，二要做到大风时不浇水，尤其是喷灌条件下更应注意。

二、预防小麦抽穗异常

(一) 抽穗异常表现

小麦抽穗期不能正常抽穗，表现为穗芒卡在旗叶叶鞘中，穗子呈畸形，形成"旗叶盖顶"现象，严重影响小麦正常抽穗、开花和灌浆过程。

(二) 发生原因

主要是小麦孕穗期遇到低温冷害，旗叶叶鞘受到冷害不能正常展开，导致不能正常抽穗。

(三) 预防措施

小麦抽穗期应保持土壤含水量在田间持水量的 70%～75%，增加田间湿度，减轻低温危害；选用抗冻性较强或发育较快的小麦品种，避免遭受低温危害。

三、预防麦田穗层不齐

(一) 穗层不齐表现

小麦抽穗后，麦田主茎与分蘖植株高矮不一，即会形成多层穗。一般抽穗后，上部与下部穗层相差 3～5 厘米，即为两层或多层穗现象。

(二) 发生原因

小麦个体生长发育进展快慢不一致，多为主茎与分蘖之间生长发育进程差异较大，一般主茎生长发育早，植株高，而分蘖生长发育晚、植株矮，形成上层的主茎穗及下部的分蘖穗多个穗层，一般分蘖成穗多的麦田容易发生多层穗。

(三) 预防措施

多层穗一般是基本苗少，单株成穗数多，低级分蘖与主茎发育进程差异大造成的，所以首先要保证适宜的播量，中、高产麦田，基本苗应为成穗数的1/2左右；其次要加强水肥调控，促进大分蘖成穗，控制小分蘖成穗，加快分蘖的两极分化进程，保证麦田具有合理的群体动态及大分蘖与主茎的均衡生长。

四、小麦抽穗扬花后的管理

小麦抽穗以后，田间的亩穗数已经固定。要提高产量，只有两种办法：一是增加穗粒数，即每个麦穗上的麦粒数量；二是提高粒重，即每颗麦粒的重量。以上两种办法（增加穗粒数、提高粒重）对于小麦的最终产量有着很重要的作用。

（一）防倒伏

小麦抽穗以后，要注意小麦的倒伏，小麦一旦出现倒伏，对产量的影响是很大的。容易引起倒伏的因素有多种，比如连续的大雨天气，同时伴随着大风；另外一些病害也会加大小麦倒伏的概率，比如根腐病等，如果遇到了大暴雨又有大风的天气，就会给预防增加更大难度。

（二）喷施叶面肥

喷施叶面肥的好处有多种：一是能为小麦生长提供营养元素，尤其是一些中微量元素，利于粒重的增加；二是增加了叶片的功能，减少干热风的危害；三是提高田间小麦灌浆的速率，有效增加粒重，促进小麦的高产。

（三）浇水

虽然抽穗以后浇水，容易造成倒伏，但是，针对比较干旱的地块，还是需要通过浇水来促进小麦的正常生长。小麦在整个生育期中，从开花到成熟，对水分的需求比较大，占整个生育期的20%~25%，如果抽穗以后，田间过于干旱，不仅会影响穗粒数，还会影响粒重，最终导致减产。

（四）除草

小麦抽穗以后，如果再打除草剂，产生药害的概率会大大增加；另外，小麦长势比很多杂草要高，药液也不容易喷施到杂草上。因此，这里说的除草，是在田间杂草过多的情况下进行的。有些田块，可能前期没有除草，或者除草效果不好，而抽穗以后，杂草过多过密，影响了小麦的正常生长，这时候需要人工拔草，以此来保证小麦的正常生长，提高最终的产量，此期是否除草需根据具体情况来定。

以上管理措施，对于增加穗粒数和提高粒重，有着不错的效果，当然，在实际种植过程中，也要根据具体情况具体选择。

五、预防小麦小穗不孕不结实

在小麦开花与籽粒形成期，基部小穗的小花不能开花结实，到灌浆成熟期出现多个不能结实的退化小穗，可视为小穗不孕不结实现象。

（一）小穗不孕不结实的田间表现

小麦灌浆成熟期穗基部有多个小穗表现出不孕，不能结实，严重影响小麦产量的提高。

（二）发生原因

小麦小穗发育进程的先后顺序：从中部到上部，最后是下部。由于下部小穗发育较晚，生长势弱，当群体较大、穗数较多、养分供应不足时，发育最晚的基部小穗因得不到养分的供应而退化。

（三）预防措施

严格控制麦田群体和穗数，保证小麦群体与土壤肥力、养分供应相适应；在小麦的小穗小花发育过程中，要加强水分管理，保证充足的养分供应，防止小穗小花退化。

第五节 小麦成熟期管理

一、麦田生长后期的田间管理技术

小麦生长后期包括开花、灌浆和成熟等生育时期，一般经历 35 天左右的时间，是小麦产量形成的关键时期。该期生育中心转向籽粒，营养器官逐渐衰亡，其主要田间管理要点如下。

（一）浇水

后期供水是争取粒重的决定性措施。

小麦籽粒形成期间，对水分的要求十分迫切，水分不足导致籽粒退化，穗粒数降低，因此要及时浇好扬花水。

小麦扬花以后，从籽粒"多半仁"开始，就进入灌浆阶段，进入灌浆以后，根系逐渐衰退，对环境条件适应能力减弱，要求有较平稳的地温和适宜的含水量比例，麦田含水量低于 65% 时，严重影响产量，高于 80% 时易引起贪青晚熟。一般以田间持水量的 70%~75% 为宜。因此，要适时浇好灌浆水，有利于防止根系衰退，以达到以水养根、以根养叶、以叶保粒的作用，浇灌浆水的次数、水量，根据土质、墒情、苗情而定。在土壤保水性能好、底墒足、有贪青趋势的麦田，浇 1 次水或不浇，其他麦田，一般浇 1 次。

但是，也要防止生长后期雨水过多，土壤湿度大、透气性差，引起根系早衰、叶片早枯、粒重下降，甚至烂根倒伏、青枯死苗等现象，应及早清沟降渍，沟深要达 20 厘米以上，做到沟沟相通，沟通河，雨过田干。

（二）补肥

小麦开花至成熟期间，要吸收全生育期需氮总量的 1/3 和需磷量的 2/5。后期供肥不足，会引起叶片和根系过早衰亡，降低粒重。因此，对于开花时表现脱肥而过早显黄的麦田，应采用叶面喷氮的方法予以补充，以便增花攻粒，减少小花退化，减少不孕小穗数，争取多增粒。叶面喷氮的方法如下。

1. 喷洒次数

根据人力、土壤肥力和苗情而定，若喷 2 次，可在抽穗期和乳熟期各喷 1 次，喷 1 次则以乳熟期为宜。

2. 喷洒时间

最好在傍晚前，也可在上午露水下去后至 11：00 前或 15：00 以后，喷后遇雨需补喷 1 次。

3. 喷洒浓度

喷施 1%～2%尿素溶液，或喷 3%～4%过磷酸钙溶液，或喷 500 倍磷酸二氢钾溶液 75～80 千克/亩。但一般叶面喷施以尿素溶液效果好，注意喷匀，防止烧叶。

（三）防治病虫草害

小麦抽穗后经常发生黏虫、蚜虫、吸浆虫、飞虱、白粉病、锈病、赤霉病等病虫害，不仅直接消耗植株养分，而且严重损伤绿叶，造成光合物质生产率降低，严重影响产量，及时防治对提高粒重有积极意义。建议选用"一喷三防"配方施药技术。此外，还应及时拔除节节麦、野燕麦、雀麦等禾本科恶性杂草。

（四）防干热风

高温低湿伴随强风而形成的干热风是小麦发育后期的主要气象灾害，常导致正在乳熟的籽粒灌浆不足，提前枯熟，粒重下降，造成严重减产，品质下降。

（五）防止倒伏

麦子生长后期倒伏不仅严重影响产量，使品质下降，而且造成收获困难。生产中除采取清沟降渍、防病治虫外，还可喷施高效叶面肥，保持秆青叶绿。在冬小麦拔节初期用 20.8% 烯效·甲哌鎓微乳剂，每亩 30~40 毫升，兑水 30 千克喷雾，可有效防止小麦后期倒伏。

二、预防小麦出现空穗现象

（一）天气异常

在小麦种植区，如果小麦拔节孕穗期或扬花期遇到倒春寒天气，小麦遭受冻害或冷害，使小麦授粉受阻，不利于小麦灌浆，易形成空穗；小麦授粉期间，遇到连续阴雨或者大风天气，也会造成小麦授粉不良，使小麦空穗增多；小麦扬花期或者灌浆期遇到"干热风"天气，可使小麦花粉败育或者灌浆受阻，导致小麦空穗。

预防措施：建议在小麦进入拔节期后要密切关注天气变化，期间可补喷一些硼肥和磷酸二氢钾，或者 0.136% 赤·吲乙·芸苔等，促进授粉，提高小麦抵抗力。

（二）种子问题

一些小麦种子在种植年数过多后，小麦种子陈旧，小麦的抵抗力变差，很容易出现空穗。

预防措施：建议小麦种子在种植 2~3 年后就要选择新的种子。选用抗逆能力强、适合当地种植的小麦品种。

（三）化肥和农药施用不当

种植小麦时如果化肥施用不当也会导致小麦空穗现象的出现，小麦在抽穗以后要尽量减少氮肥的使用，否则不但导致小麦花的败育或开花推迟，而且造成小麦贪青晚熟。

另外，一些杀虫剂和除草剂使用不当也会导致花的败育，小麦也可能会出现空穗。

预防措施：在使用化肥、农药时一定要合理。

（四）病虫害防治不及时

小麦穗期发生的一些病虫害，如果防治不及时，会造成空穗，虫害有小麦白粉虱、吸浆虫等，病害有小麦颖枯病和小麦白粉病等，严重时会导致小麦减产甚至绝收。

以小麦吸浆虫为例，它是小麦作物主要害虫之一，其幼虫以小麦籽粒中的浆液为食，在每年春天气温升高之时为害小麦生长，如不及时防治，将会造成小麦颗粒干瘪、空穗，没有产量。

预防措施：及时采取预防措施，发现病虫害要及时防治。

（五）缺硼、钙，或磷、钾等营养元素

小麦花粉的发育和小麦花的受精过程需要硼和钙，缺硼和钙就会导致花的败育，形成空穗，建议在小麦抽穗期到灌浆期间补充硼肥和钙肥，可以喷施硼砂和螯合钙。

小麦灌浆期缺磷或缺钾也会因为影响灌浆而造成空穗，建议农户在此期间可以喷施磷酸二氢钾 2~3 次。

小麦空穗现象的原因主要有以上 5 种，农民要正确分析小麦空穗形成的原因，并采取科学、合理、有效的防治措施，方能获得理想产量。

三、预防小麦后期早衰

小麦后期早衰，是指小麦灌浆期叶片、茎秆发黄，根系死亡，植株提前枯死，比正常小麦明显提前成熟，籽粒干瘪，千粒重明显减低的现象。

（一）早衰原因

1. 管理不当

肥水运筹不当，造成前期群体过大，个体发育不良，后期土壤养分耗竭，上部叶片功能期缩短，则植株易早衰。稻茬麦田因土壤含水量高，质地黏重，耕作层浅，拔节以后发生的上层根少，则引起早衰。

2. 渍害

渍水导致土壤缺氧，根系呼吸、吸收功能衰退，地上部叶绿素降解，光合能力下降，物质合成与积累减少。不仅如此，不同时期小麦对渍水的反应差异很大，随生育进程的推进，小麦耐渍能力逐渐下降，故农谚有"寸麦不怕尺水，尺麦怕寸水"之说。若拔节孕穗期受渍，功能叶内蛋白质下降，同时，根系发育不良，引起早衰。

3. 干旱胁迫

土壤干旱或大气干旱易造成植株根系吸水困难或体内失水过多，使水分平衡遭到破坏，正常的生理代谢受抑制。尤其是小麦生育后期，气温高，土壤蒸发及植株蒸腾量很大，若土壤严重干旱，根系不能从土壤中吸收水分，造成植株萎蔫，籽粒灌浆不能正常进行，灌浆速度下降，千粒重降低，严重时小麦死亡，灌浆期大大缩短，产量大幅度下降。

4. 盐碱危害

其特点是旱、碱、薄、板，使小麦发育晚，长势弱。到小麦生育后期，盐碱地小麦往往受旱、碱胁迫，绿叶面积急剧下降，一般花后25天，叶片大部分枯黄，导致小麦不能正常成熟，灌浆骤然停止。籽粒灌浆期比一般麦田缩短5~7天。

5. 脱肥

基肥不足，追肥不及时，植株营养跟不上，易出现早衰。在旱薄地，因土壤营养缺乏，小麦光合等生理过程受到影响，尤其是小麦生育后期，营养更加匮乏，使植株因养分供应不足而早衰，灌浆期缩短，粒重下降。

6. 病虫害

小麦生育后期尤其是高产田块常发生病虫为害，一般有白粉病、锈病、赤霉病、叶枯病、蚜虫、小麦黏虫等为害，如果不能及时进行防治或防治不力，就会造成小麦病虫害大发生、大流行，也往往导致小麦早衰，使粒重下降。

（二）预防措施

1. 施足基肥

增施有机肥，实行秸秆还田，不断培肥地力，同时结合深耕细作，改善土壤理化性状，并做到氮、磷、钾配比合理，保证小麦稳健生长，防止早衰。一般亩产 300~400 千克的小麦，每亩要施农家肥 3 000 千克，纯氮 10~12 千克、五氧化二磷 6~8 千克；钾肥要视土壤中速效钾含量而定，一般土壤速效钾含量不足 100 毫克/千克的，要给予补充，每亩可施用氯化钾 10~12 千克。基肥用量一般占总施肥量的 70%~80%。

施肥方法：有机肥与磷、钾化肥以及氮素化肥用量的 2/3 全部用作基肥，氮素化肥用量的 1/3 用作拔节肥。

2. 适期适量追肥

小麦生育后期，仍需要一定的氮、磷、钾营养元素，而此时，采用土壤施肥比较困难，并且根系吸收能力减弱，对肥料的利用率低。叶面喷肥，植株吸收快，肥料利用率高，一般可达 90% 以上。

叶面追肥，主要在小麦灌浆初期，喷施 0.2%~0.3%磷酸二氢钾溶液，1%~2%尿素溶液，1%~2%过磷酸钙溶液，5%草木灰水或植物生长调节剂等，保根、护叶，延长上、中部叶片的功能期，保证叶片正常落黄及碳水化合物向穗部籽粒运转，防止叶片早衰。

3. 防旱防渍

灌浆水对延缓小麦后期衰老、提高粒重有重要作用。一般应在小麦开花后 10 天左右浇灌浆水，以后视天气状况再浇水。春季多雨时段，要注意清沟沥水，做到雨止田干，开好畦沟、腰沟、地头沟，排除"三水"（地面水、潜层水、地下水）的危害。

4. 及时防治病虫害

应建立健全麦田病虫害防御体系，搞好病虫害的预测预报及综合防治工作。

5. 适时收获

在蜡熟末期收获最佳。

四、预防小麦贪青晚熟

（一）小麦贪青晚熟表现

小麦成熟期茎叶仍保持浓绿，籽粒含水量较高，成熟期明显推迟。小麦晚熟后易遇到后期灾害性天气，直接影响灌浆过程，造成减产。

（二）贪青晚熟原因

一是品种冬性较强，生育期较长，在当地小麦正常成熟期不能完成生育过程。

二是施肥不当引起的，尤其与拔节肥的施用有较大关系。增施拔节肥，可保证后期有充足的营养，增加穗粒数和粒重，提高产量。但如果拔节肥施用过多，会引起小麦贪青晚熟。

（三）预防措施

选用与当地气候生态条件相适应的品种类型，一般北部冬麦区选用冬性、半冬性小麦品种，黄淮冬麦区选用半冬性、春性小麦品种，长江中下游冬麦区选用春性小麦品种。

根据土壤肥力条件合理施肥，拔节肥的用量占总施肥量的 15%～20%，每亩施尿素 5～8 千克，如果未追施提苗肥可增加到

30%左右，每亩施尿素 10~12.5 千克。施用时间掌握在叶色出现正常褪淡，总茎蘖数开始下降时，如叶色浓绿未褪、分蘖又未开始下降，就要推迟施或少施拔节肥。而对于地力不高、苗情不旺的田块，拔节肥用量可适当增加。

第五章 小麦病虫草害绿色防治技术

第一节 小麦病害的绿色防治技术

一、小麦全蚀病

（一）主要症状

小麦全蚀病主要为害小麦根部和茎秆基部（图5-1）。此病一旦发生，蔓延速度较快，一般一块地从零星发生到成片死亡，只需3年，发病地块有效穗数、穗粒数及千粒重降低，造成严重的产量损失，一般减产10%~20%，重者达50%以上，甚至绝收，是一种毁灭性病害。

该病幼苗期病原菌主要侵染种子根、地下茎，使之变黑腐烂，称为"黑根"（图5-2），部分次生根也受害；病苗基部叶片

图5-1 小麦全蚀病根部症状　　**图5-2 小麦全蚀病黑根症状**

黄化，分蘖减少，生长衰弱，严重时死亡。拔节后根部变黑腐烂，茎基部 1~2 节叶鞘内侧和茎秆表面布满黑褐色菌丝层。抽穗灌浆期，茎基部明显变黑腐烂，形成典型的"黑脚"症状，病部叶鞘容易剥离，叶鞘内侧与茎基部的表面形成"黑膏药"状的菌丝层。田间病株成簇或点片状分布。

（二）发生规律

该病是真菌性病害，病菌是一种土壤寄居菌，在土壤中存活 1~5 年，是一种土传病害。施用带有病残体的未腐熟的粪肥等可传播病害，多雨、高温、地势低洼麦田发病重。早播、冬春低温以及土质疏松、瘠薄、碱性、有机质少、缺磷、缺氮的麦田发病均重。有病害上升期、高峰期、下降期和控制期等明显的不同阶段，只要病害到达高峰后，一般经 1~2 年病害就自然得到控制，出现自然衰退现象的原因与土壤中拮抗微生物群逐年得到发展有关。

（三）防治方法

1. 植物检疫

保护无病区，控制初发病区，治理老病区。无病区严禁从病区调运种子，不用病区麦秸作包装材料外运。

2. 农业措施

一是合理轮作，因地制宜，实行小麦与棉花、薯类、花生、豌豆、大蒜、油菜等非寄主作物轮作 1~2 年。二是增施有机肥、磷肥，促进拮抗微生物的发育，减少土壤表层菌源数量；深耕细耙，及时中耕灌排水。三是选用抗病、耐病品种。

3. 药剂防治

一是种子包衣。用 125 克/升硅噻菌胺悬浮剂 20 毫升拌种 10 千克，或 3% 苯醚甲环唑悬浮种衣剂 50~100 毫升加 25 克/升咯菌腈悬浮种衣剂 10~20 毫升，种衣剂按 10~20 毫升包衣种子 10

千克。二是喷药防治。在小麦拔节期间，每亩用20%三唑酮乳油100~150毫升，兑水50~60千克喷淋小麦茎基部，或用丙环唑、烯唑醇、三唑醇等喷施防治小麦全蚀病。

二、小麦白粉病

（一）主要症状

小麦白粉病自幼苗到抽穗后均可发病。主要为害小麦叶片（图5-3，图5-4），也为害茎（图5-5）、穗（图5-6）和芒。病部最先出现白色丝状霉斑，下部叶片比上部叶片多，叶片背面比正面多。中期病部表面附有一层白粉状霉层，一般叶正面病斑较叶背面多，下部叶片较上部叶片病害重，霉斑早期单独分散，逐渐扩大连合，呈长椭圆形，较大的霉斑，严重时可覆盖叶片大部，甚至全部，霉层厚度可达2毫米左右，并逐渐呈粉状。后期霉层逐渐由白色变为灰色，上生黑色颗粒。严重影响光合作用，使正常新陈代谢受到干扰，造成早衰，产量受到损失。

图5-3　发病初期的独立病斑

图5-4　发病后期病斑相连布满叶片

图 5-5 小麦白粉病病株   图 5-6 小麦白粉病病穗

（二）发生规律

小麦白粉病流行的条件：在大面积种植感病品种基础上，4—5 月气温在 15~20 ℃、相对湿度在 70% 以上时；小麦生长旺盛、群体密度过大、植株幼嫩、抗病力低或者倒伏的麦田。病菌在黄淮平原麦区不能越夏，可在海拔 500 米以上山区的自生麦苗或春小麦上越夏为害，秋季随气流传播到平原冬麦区上发生为害。

（三）防治方法

1. 农业防治

选用抗病丰产品种为主，百农 207、矮抗 58 和丰德存 5 号等抗性较好；合理密植，适当晚播，氮、磷、钾配方合理施用，科学灌溉，适时排水，消灭初期侵染源。

2. 种子处理

可用 15% 三唑酮可湿性粉剂按种子重量的 0.12% 拌种，控制苗期病情，减少越冬菌量，减轻发病为害，并能兼治散黑穗病。

3. 药剂防治

在小麦白粉病普遍率达 10% 或病情指数达 5%~8% 时，即应进行药剂防治。每亩用 25%咪鲜胺乳油 20 毫升，或用 2%戊唑醇悬浮种衣剂 20 毫升，或用 12.5%烯唑醇可湿性粉剂 20 克，或 20%三唑酮乳油 20~30 毫升，或 15%三唑酮可湿性粉剂 50~100 克，兑水 50~60 千克喷雾，或兑水 10~15 千克低容量喷雾防治。

三、小麦根腐病

（一）主要症状

小麦整个生育期都可引发根腐病。幼苗（图 5-7）染病后在芽鞘上产生黄褐色至褐黑色梭形斑，边缘清晰，中间稍褪色，扩展后引起种根基部、根间、分蘖节和茎基部变褐色腐烂，最后根系朽腐（图 5-8），麦苗平铺在地上，下部叶片变黄，逐渐黄枯而亡。成株叶上病斑初期为梭形或椭圆形褐斑，扩大后呈椭圆形或不规则褐色大斑，病斑融合成大斑后枯死，严重的整叶枯死。叶鞘染病产生边缘不明显的云状块，与其连接叶片黄枯而死。叶鞘上病斑不规则，常形成大型云纹状浅褐色斑，扩大后整个小穗变褐枯死并产生黑霉。病小穗不能结实，或虽结实但种子带病，种胚变黑。黑胚病不仅会降低种子发芽率，而且对小麦制品颜色等会产生一定影响。

图 5-7　小麦根腐病苗期症状

图 5-8　小麦根腐病后期症状

（二）发生规律

小麦根腐病是真菌性病害，病菌以菌丝体和厚垣孢子在小麦、大麦、黑麦、燕麦及多种禾本科杂草的病残体和土壤中越冬，翌年成为小麦根腐病的初侵染源。发病后病菌产生的分生孢子再借助气流、雨水、轮作、感病种子传播，该菌在土壤中存活2年以上。根腐病的流行程度与菌源数量、栽培管理措施、气象条件和寄主抗病性等因素有关。生产上播种带菌种子可导致苗期发病。幼苗受害程度随种子带菌量增加而加重，侵染源多则发病重。耕作粗放、土壤板结、播种覆土过厚、春麦区播种过迟、冬麦区播种过早以及小麦连作、种子带菌、田间杂草多、地下害虫引起根部损伤均会引起根腐病。麦田缺氧、植株早衰或叶片叶龄期长，小麦抗病力下降，则发病重。麦田土壤温度低、土壤湿度过低或过高均易发病，土质瘠薄、抗病力下降及播种过早或过深发病重。小麦抽穗后出现高温、多雨的潮湿气候，病害发生程度明显加重。栽培中高氮肥和频繁的灌溉方式，亦会加重该病。

（三）防治方法

1. 农业防治

与油菜、亚麻、马铃薯及豆科植物轮作换茬；适时早播、浅播，合理密植；中耕除草，防治苗期地下害虫；平衡施肥，施足基肥，及时追肥，不偏施氮肥；灌浆期合理灌溉，降低田间湿度；选用抗病、耐病、丰产品种。

2. 种子处理

播种前可用50%异菌脲可湿性粉剂、75%萎锈·福美双可湿性粉剂、70%代森锰锌可湿性粉剂、50%福美双可湿性粉剂、20%三唑酮乳油，按种子重量的0.2%~0.3%拌种，防效可达60%以上。

3. 药剂防治

返青至拔节期喷洒25%丙环唑乳油4 000倍液。在小麦灌浆初期用25%丙环唑乳油50毫升/亩，或25%嘧菌酯悬浮剂20克/亩、5%烯肟菌胺乳油80毫升/亩，或12.5%腈菌唑乳油60毫升/亩，兑水30~50千克均匀喷雾。

四、小麦纹枯病

(一) 主要症状

小麦纹枯病主要发生在小麦茎秆和叶鞘上，发病初期，在近地表的叶鞘上产生周围褐色、中央淡褐色至灰白色的梭形病斑，后逐渐扩展至茎秆叶鞘上（侵茎）且颜色变深，形成云纹状花纹，病斑无规则，严重时可包围全叶鞘，使叶鞘及叶片早枯（图5-9）；重病株茎基1~2节变黑甚至腐烂、烂茎抽不出穗而形成枯孕穗或抽后形成白穗（图5-10），结实少，籽粒秕瘦。小麦生长中后期，叶鞘上的病斑常有时可见到一些白色菌丝状物，空气潮湿时上面初期散生土黄色至黄褐色霉状小团，后逐渐变褐；形成圆形或近圆形颗粒状物，即病菌的菌核。

图5-9 小麦纹枯病中部叶鞘症状

图5-10 小麦纹枯病后期白穗症状

（二）发生规律

小麦纹枯病是真菌性病害，以菌核附着在植株病残体上或落入土中越夏或越冬，成为初侵染的主要来源。被害植株上菌丝伸出寄主表面，对邻近麦株蔓延进行再侵染。小麦播种早、播量大、氮肥多、长势旺，浇水多或阴雨天气造成湿度大，有利于病害的发生。主要引起穗粒数减少，千粒重降低，还引起倒伏。一般病田减产10%左右，严重时减产30%~40%。

（三）防治方法

1. 农业防治

适期适时适量播种；增施有机肥，氮磷钾肥配方使用；实行合理轮作，减少传播病菌源基数；合理灌水，及时中耕，降低田间湿度，促使麦苗健壮生长和提高抗病能力；选用抗病和耐病品种。

2. 种子处理

选用有效药剂包衣（或拌种），可用25克/升咯菌腈悬浮种衣剂10~20毫升或2%戊唑醇悬浮种衣剂10~20克拌种10千克；或用10%三唑醇可湿性粉剂，按种子量的0.3%拌种。

3. 药剂防治

小麦返青后病株率达5%~10%（一般在3月中旬前后）喷药，在纹枯病发生地区或重发生年份，每亩用70%甲基硫菌灵可湿性粉剂70~100克，或20%三唑酮乳油30~50毫升，或12.5%烯唑醇可湿性粉剂30~40克，或240克/升噻呋酰胺悬浮剂20毫升，兑水50~60千克喷雾，或用20%丙环唑乳油1 000~1 500倍液喷雾（注意尽量将药液喷到麦株茎基部）；第二次用药在第一次用药后15天左右施用，可有效防治本病。或用戊唑醇、己唑醇等防治。

五、小麦锈病

（一）主要症状

1. 小麦条锈病特征

小麦条锈病是一种气传病害，病菌随气流长距离传播，可波及全国。该病菌主要为害小麦的叶片（图5-11，图5-12），也可为害叶鞘、茎秆和穗部。小麦感病后，初呈褪绿色的斑点，后在叶片的正面形成鲜黄色的粉疱（即夏孢子堆）。夏孢子堆较小，长椭圆形，在叶片上排列成虚线状，与叶脉平行，常几条结合在一起成片着生。到小麦接近成熟时，在叶鞘和叶片上长出黑色、狭长形、埋伏于表皮下面的条状疱斑的孢子，即病菌的冬孢子。条锈病主要在西北冷凉春麦区越夏，华北麦区侵染源主要来自陇南、陇东、西南等夏孢子可以越冬的麦区。春季小麦锈病流行的条件：有一定数量的越冬菌源；有大面积感病品种。当地3—5月雨量较多，早春气温回升快，外来菌源多而早时，则小麦中后期突发流行，减产严重。

图5-11　小麦条锈病初期病状　　图5-12　小麦条锈病后期病状

2. 小麦叶锈病特征

小麦叶锈病分布于全国各地，发生较为普遍。叶锈病主要发生在叶片（图5-13，图5-14），也能侵害叶鞘。发病初期，受害叶片出现圆形或近圆形红褐色的夏孢子堆。夏孢子堆较小，一般在叶片正面不规则散生，极少能穿透叶片，待表皮破裂后，散出黄褐色粉状物，即夏孢子。后期在叶片背面和叶鞘上长出黑色阔椭圆形或长椭圆形、埋于表皮下的冬孢子堆。小麦叶锈病菌较耐高温，在自生小麦苗上发生越夏，秋播小麦出土后叶锈菌又从自生麦苗上转移到冬小麦麦苗上。播种较早，气温较高，利于叶锈病的发展，小麦发病受害重。播种较晚，气温较低，不能形成夏孢子堆，多以菌丝潜伏在麦叶内越冬。

图5-13　小麦叶锈病为害叶片

图5-14　小麦叶锈病大田症状

3. 小麦秆锈病特征

小麦秆锈病分布于全国各地，病害流行年份，常来势凶猛、为害大，可在短期内引起较大损失，造成小麦严重减产。秆锈病（图5-15，图5-16）主要发生在小麦叶鞘、茎秆和叶鞘基部，严重时在麦穗的颖片和芒上也有发生，产生很多的深红褐色、长椭圆形夏孢子堆，常散生，表皮破裂而外翻。小麦发育后期，在夏孢子堆或其附近产生黑色的冬孢子堆。小麦秆锈病的流行主要与品种、菌源基数、气象条件有关。该病菌在华北麦区不能越冬，春末夏初的致病菌源主要来自东南麦区。一般与小麦抽穗期至乳熟期这一阶段前后的田间湿度等影响病害流行的关键因素密切相关，也是秆锈菌夏孢子萌发和侵染的主要时期。

图5-15　小麦秆锈病初期病状

图5-16　小麦秆锈病中期病状

（二）发生规律

条锈病病菌以夏孢子在小麦为主的麦类作物上逐代侵染而完成周年循环。夏孢子在寄主叶片上，在适合的温度（14～17 ℃）和有水滴或水膜的条件下侵染小麦。3种锈病病菌的夏孢子在萌发和侵染上的共同点是都需要液态水，侵入率和侵入速度取决于露时和露温。露时越长，侵入率越高；露温越低，侵入所需露时越长。在侵染上的不同点主要是三者要求的温度不同，条锈病病菌最低，叶锈病病菌居中，秆锈病病菌最高。

小麦条锈病在秋季或春季发病的程度主要与夏、秋季和春季的雨量、越夏越冬的菌源量和感病品种的面积关系密切。一般来说，秋冬、春夏交替时雨水多，感病品种面积大，菌源量大，条锈病就发生重，反之则轻。

（三）防治方法

小麦锈病的防治应贯彻"预防为主，综合防治"的植保方针，重点抓好应急防治。防治应做到准确监测，带药侦察，发现一点，控制一片，坚持点片防治与普治相结合、群防群治与统防统治相结合，把损失降到最低限度。

1. 农业防治

在锈病易发区，不宜过早播种；及时排灌，降低麦田湿度抑制病菌夏孢子萌发；清除自生、寄生苗，减少越夏菌源。合理施肥，避免氮肥施用过多、过晚，增施磷、钾肥，促进小麦生长发育，提高抗病能力。选用抗病丰产良种，做好抗锈品种的合理布局，切断菌源传播路线。

2. 种子处理

药剂拌种用 24% 唑醇·福美双悬浮种衣剂按药种比 1：（120~150）进行种子包衣，可有效防治小麦锈病和黑穗病。

3. 药剂防治

在小麦拔节至抽穗期，条锈病病叶率达到 1% 左右时，开始喷药，以后隔 7~10 天再喷 1 次。药剂可选用 20% 三唑酮乳油每亩 30~50 毫升，或 15% 三唑酮可湿性粉剂每亩 75 克，或 12.5% 烯唑醇可湿性粉剂每亩 15~30 克，兑水 50~60 千克叶面喷雾。

六、小麦赤霉病

（一）主要症状

小麦赤霉病（图 5-17，图 5-18）可以侵染小麦的各个部位，自幼苗至抽穗期均可发生，引起苗枯、茎腐和穗腐等。大流行年份病穗率达 50%～100%，减产 10%～40%。该病菌的代谢产物含有毒素，人畜食用后还会中毒。赤霉病最初在小穗颖片上出现水浸状病斑，逐渐扩大至整个小穗和穗子，严重时整个小穗或穗子后期全部枯死，受感染的穗子呈灰褐色。气候潮湿时，感病小穗的基部产生粉红色胶质霉层，为病菌的分生孢子座和分生孢子。后期穗部产生煤屑状黑色颗粒。黑色颗粒是病菌的子囊壳。在幼苗的芽鞘和根鞘上呈黄褐色水浸状腐烂，严重时全苗枯死，病残苗上有粉红色菌丝体。发病初期，茎基部呈褐色，后变软腐烂，植株枯萎，在病部产生粉红色霉层。

图 5-17　小麦赤霉病病穗

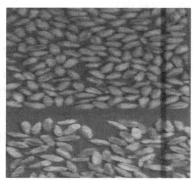

图 5-18　小麦赤霉病病粒

（二）发生规律

小麦赤霉病是真菌性病害，病菌主要以菌丝体潜伏在稻茬或玉米茬，种子也可带菌。一般因初侵染菌源量大，小麦抽穗扬花期间降雨多，湿度大，病害就可流行；地势低洼、土壤黏重、排水不良的麦田湿度大，也有利于该病的发生。小麦抽穗扬花期气温在 15 ℃以上，连续阴雨 3 天以上，或重雾、重露造成田间

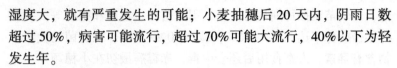

湿度大，就有严重发生的可能；小麦抽穗后 20 天内，阴雨日数超过 50%，病害可能流行，超过 70%可能大流行，40%以下为轻发生年。

（三）防治方法

1. 农业防治

适时播种，合理施肥；深耕灭茬，消灭菌源；合理灌排，降低田间湿度；选用抗病耐病品种；合理密植和控制适宜群体密度，提高和改善麦田通风透光条件。

2. 种子处理

在播种前进行种衣剂包衣或用拌种，按种子量 3%的药量与种子混拌均匀。

3. 药剂防治

小麦赤霉病重在预防，治疗效果较差。防治重点是在小麦扬花期预防穗腐发生。在始花期喷洒，要在小麦齐穗扬花初期（扬花株率 5%~10%）用药。药剂防治应选择渗透性、耐雨水冲刷性和持效性较好的农药，每亩可选用 25%氰烯菌酯悬浮剂 100~200 毫升，或 40%戊唑·咪鲜胺水乳剂 20~25 毫升，或 28%烯肟·多菌灵可湿性粉剂 50~95 克，兑水 30~45 千克细雾喷施。视天气情况、品种特性和生育期早晚再隔 7 天左右喷第二次药，注意交替轮换用药。此外，小麦生长的中后期赤霉病、麦蚜、黏虫混发区，每亩用 40%毒死蜱乳油 30 毫升，加 40%戊唑·咪鲜胺悬浮剂 25~35 毫升，兑水 30 千克，在扬花初期喷雾即可，防效优异。喷药时期如遇阴雨连绵或时晴时雨，必须抢在雨前或雨停间隙露水干后抢时喷药；如果连阴有雨，下小雨可以喷药，但应加大 10%的用药量。喷药后遇雨可隔 5~7 天再喷 1 次，以提高防治效果，喷药时要重点对准小麦穗部，均匀喷雾。

七、小麦黑穗病

(一) 主要症状

1. 小麦腥黑穗病病害特征

　　小麦腥黑穗病，包括光腥黑穗病和网腥黑穗病，前者除侵害小麦外还侵害黑麦，后者仅侵害小麦，全国各地都有发生，小麦腥黑穗病主要为害穗部（图5-19，图5-20），一般病株较矮，分蘖较多，病穗稍短且直，颜色较深，初为灰绿色，后为灰白色或灰黄色。颖壳麦芒外张，露出全部或部分病粒（菌瘿）。病粒较健粒短粗，初为暗绿色，后变灰黑色，包外一层灰包膜，内部充满黑色粉末（病菌厚垣孢子），破裂散出含有三甲胺鱼腥味的气体，故称腥黑穗病，病菌孢子含有毒物质三甲胺，用其制面粉不能食用，如将混有大量菌瘿和孢子的麦粒作饲料，会引起家禽和牲畜中毒。腥黑穗病菌以厚垣孢子附在种子外表或混入粪肥、土壤中越冬或越夏。种子发芽时，病菌从芽鞘侵入麦苗并到达生长点，后以菌丝体形态随小麦而发育，到孕穗期，侵入子房，破坏花器，抽穗时在麦粒内形成菌瘿即病原菌的厚垣孢子。

图5-19　腥黑穗病初期病穗症状　　**图5-20　腥黑穗病后期病穗症状**

2. 小麦散黑穗病病害特征

小麦散黑穗病在我国各麦区都有发病。主要为害穗部（图5-21，图5-22），茎和叶等部分也可发生。感病病株抽穗略早于健株，初期病穗外包有一层浅灰色薄膜，小穗全被病菌破坏，种皮、颖片、子房变为黑粉，有时只有下部小穗发病而上部小穗能结实；病穗抽出后，随后表皮破裂，黑粉散出，最后残留一条弯曲的穗轴。病菌在花期侵染健穗，当年不表现症状，次年发病，并侵入第二年的种子潜伏，完成侵染循环。

图5-21　小麦散黑穗病穗部症状

图5-22　小麦散黑穗病大田症状

3. 小麦秆黑粉病病害特征

小麦秆黑粉病主要发生在小麦的茎秆、叶和叶鞘上，极少数发生在颖或种子上（图5-23，图5-24）。常出现与叶脉平行的条纹状孢子堆。孢子堆略隆起，初白色，后变灰白色至黑色，病组织老熟后，孢子堆破裂，散出黑色粉末，即冬孢子。病株多矮化、畸形或卷曲，多数病株不能抽穗而卷曲在叶鞘内，或抽出畸形穗。病株分蘖多，有时无效分蘖可达百余个。该病以土壤传播为主，种子、粪肥也能传播，在种子萌发期侵染。

图 5-23 小麦秆黑粉病病叶

图 5-24 小麦秆黑粉病病秆

（二）发生规律

小麦黑穗病是真菌性病害，常见的有小麦腥黑穗病、小麦散黑穗病和小麦秆黑粉病，其共同特点是病菌一年只侵染一次，为系统侵染性病害。

（三）防治方法

1. 农业防治

及时清除田间病株残茬，减少传播菌源；播种不宜过深；秋种时要深耕多耙，施用腐熟肥料，增施有机肥，测土配方施肥，适期、精量播种，足墒下种，培育壮苗越冬，增强作物抗逆力，以减轻病虫为害；选用耐病抗病品种。

2. 温汤浸种

包括变温浸种和恒温浸种。变温浸种是先将麦种用冷水预浸4~6小时，捞出后用 52~55 ℃温水浸 1~2 分钟，再捞出放入56 ℃温水中，使水温降至 55 ℃浸 3 分钟，随即迅速捞出冷却晾干播种。恒温浸种是把麦种置于 50~55 ℃热水中，立刻搅拌，使水温迅速稳定至 45 ℃，浸 3 小时后捞出，移入冷水中冷却，晾干后播种。

3. 石灰水浸种

用优质生石灰 0.5 千克，溶于 50 千克水中，滤去渣滓后静浸选好的麦种 30 千克，要求水面高出种子 10~15 厘米，种子厚度不超过 66 厘米。浸泡时间：气温 20 ℃浸 3~5 天，气温 25 ℃浸 2~3 天，30 ℃浸 1 天。浸种以后不再用清水冲洗，摊开晾干后即可播种。

4. 药剂拌种

用 6%戊唑醇悬浮种衣剂按种子量的 0.03%~0.05%（有效成分），或用种子重量 0.08%~0.1%的 20%三唑酮乳油拌种。也可用 40%拌种双可湿性粉剂 0.1 千克，或用 50%多菌灵可湿性粉剂 0.1 千克，兑水 5 千克，拌麦种 50 千克，拌后堆闷 6 小时。也可用种子重量 0.2%的拌种双、福美双、多菌灵、甲基硫菌灵等药剂拌种和闷种，都有较好的防治效果。

八、小麦孢囊线虫病

（一）主要症状

小麦孢囊线虫病在各麦区分布较普遍，对作物产量所造成的损失非常严重，一般产量损失为 20%~30%，发病严重地块减产可达 70%，直至绝收。该病由燕麦孢囊线虫侵染而起，在田间分布不均匀，常成团发生。苗期受害小麦幼苗矮黄，由下向上发展，叶片逐渐发黄，最后枯死，类似缺肥症；根部症状是根尖生长受抑，从而造成多重分根和肿胀，次生根增多、分叉，多而短，丝结成乱麻状（图5-25），受害根部可见附着柠檬形孢囊，开始灰白色，后变为褐色。返青拔节期病株生长势弱，明显矮于健株（图5-26），根部有大量根结。灌浆期小麦群体常现绿中加黄、高矮相间的山丘状，根部可见大量线虫白色孢囊（大小如针尖），成穗少、穗小粒少，产量低。

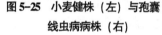

图5-25　小麦健株（左）与孢囊线虫病病株（右）

图5-26　小麦孢囊线虫病大田症状

（二）发生规律

小麦孢囊线虫以孢囊内卵和幼虫在土壤中越冬或越夏，土壤传播是其主要途径。农机具、人畜活动、水流、种子均可传播；大风刮起的尘土是远距离传播的主要途径。在小麦苗期，天气凉爽、土壤湿润，幼虫能够尽快孵化并向植物根部移动，就会造成严重为害；一般在砂壤土或砂土中为害严重，黏重土壤中为害较轻；土壤水肥条件好的地块，小麦生长健壮，为害较轻；土壤肥水状况差的地块，为害较重。

（三）防治方法

1. 农业防治

此病属局部发生，应避免从病区调种，防止种子中的带病土块扩散蔓延，病区应选用抗病耐病品种；合理轮作，如小麦与非寄主作物（豆科植物）进行2~3年轮作，可有效减轻病害损失，有条件麦区可实行小麦-水稻轮作，对该病防治效果更好；冬麦区适当早播或春麦区适当晚播，避开线虫的孵化高峰，减少被侵染概率；加强水肥管理，增施肥料，增施腐熟有机肥，促进小麦生长，提高抗逆能力。

2. 药剂防治

播种期用乙基硫环磷按种子的0.5%拌种，或每亩用5%涕灭威颗粒剂500克等，播种时沟施。

九、小麦茎基腐病

（一）主要症状

小麦茎基腐病主要为害幼芽、幼苗、成株根系、茎叶和穗部，以根部受害最重，是近几年新发生的病害之一。播种后种子受害，幼芽鞘受害呈褐色斑痕，严重时腐烂死亡。苗期受害根部产生褐色或黑色病斑（图5-27）。成株期受害植株茎基部出现褐色条斑，严重时茎折断枯死，或虽直立不倒，但提前枯死，枯死植株青灰色，白穗不实，俗称"青死病"（图5-28）。人工拔除时茎基部易折断，拔起病株可见根毛和主根表皮脱落，根冠部变黑并黏附土粒。叶片上病斑初为梭形小斑，后扩大成长圆形或不规则形斑块，边缘不规则，中央浅褐色至枯黄色，周围深绿色，

图5-27　茎基腐病根部典型症状　　图5-28　茎基腐病苗期茎基部症状

有时有褪绿晕圈。穗部发病在颖壳基部形成水浸状斑，后变褐色，表面敷生黑色霉层，穗轴和小穗轴也常变褐腐烂，小穗不实或种子不饱满，在高温条件下，穗颈变褐腐烂，使全穗枯死或掉穗。麦芒发病后，产生局部褐色病斑，病斑部位以上的一段芒干枯。种子被侵染后，胚全部或局部变褐色，种子表面也可产生梭形或不规则形暗褐色病斑。

（二）发生规律

小麦茎基腐病是真菌性病害，病菌主要以菌丝体潜伏在种子内和病残体中越夏、越冬，小麦播种后，种子和土壤中的病菌侵染幼芽和幼苗，造成芽腐和苗腐。分生孢子可随气流或雨滴飞溅传播，侵染麦株地上部位。生育后期高温多雨，可大流行。田间病残体多，腐解慢，病菌数量就多，发病重。连作麦田，发病较重。幼苗出土慢，发病重。土温 20 ℃以上，高湿，有利于发病。土质贫瘠、水肥不足易发病。小麦遭受冻害、旱害或涝害，可加重病害发生。

（三）防治方法

1. 农业防治

因地制宜选用抗病、耐病品种，选无病种子。适期早播、浅播，避免在土壤过湿或过干条件下播种。增施有机肥及磷、钾肥，返青时追施适量速效性氮肥。合理排灌，防止小麦长期过旱或过涝，越冬期注意防冻。勤中耕，清除田间禾本科杂草。麦收后及时翻耕灭茬，促进病残体腐烂。秸秆还田后要翻耕，埋入地下。与非禾本科作物轮作，避免或减少连作。

2. 种子处理

播种前进行药剂拌种，药剂可以选用 25 克/升咯菌腈悬浮种衣剂、12.5%烯唑醇乳油、50%代森锰锌可湿性粉剂、50%多菌灵可湿性粉剂或 50%福美双可湿性粉剂，用量为种子重量的

0.2%~0.3%。

3. 药剂防治

发病初期喷洒 50%福美双可湿性粉剂 500 倍液、20%三唑酮乳油 2 000 倍液、70%甲基硫菌灵可湿性粉剂或 70%代森锰锌可湿性粉剂 500 倍液喷雾。

十、小麦土传花叶病

(一) 主要症状

小麦土传花叶病是由土壤中的禾谷多黏菌传播的病毒病，主要为害冬小麦的叶片（图 5-29），黄淮河流域均有发生。严重的产量损失可达 30%~70%。该病多发生在生长前期侵染麦苗，表现斑驳不明显。翌春，新生小麦叶片症状逐渐明显，出现长短和宽窄不一的深绿色和浅绿色相间的条状斑块或条状斑纹（褪绿条纹）（图 5-30）。病株一般较正常植株矮，有些品种产生过多的分蘖，形成丛矮症、绿色花叶株系、褪绿条纹、黄色花叶株系等，病株穗小粒少，但多不矮化。

图 5-29　小麦土传花叶病病叶　　　图 5-30　小麦土传花叶病病株

（二）发生规律

小麦土传花叶病毒主要由土壤中的禾谷多黏菌传播，是一种小麦根部的专性弱寄生菌，本身不会对小麦造成明显为害。禾谷多黏菌产生游动孢子，侵染麦苗根部，病毒随之侵入根部进行增殖，根部细胞中带有大量病毒粒体，并向上扩展，翌春表现症状。小麦土传花叶病毒是土壤带菌，主要靠病土、病根残体、病田水流传播，也可经汁液摩擦接种传播。一般先出现小面积病区，以后面积逐渐增大。病毒能随禾谷多黏菌休眠孢子在土中存活 10 年以上。播种早发病重，播种迟发病轻。

（三）防治方法

1. 农业防治

合理轮作，与豆科、薯类等进行 2 年以上轮作；调节播种期；加强肥水管理，施用农家肥要充分腐熟；提倡施用酵素菌沤制的堆肥；合理灌溉，严禁大水漫灌，雨后及时排水；禁止使用含禾谷多黏菌的病土以防扩大传病。

2. 土壤处理

零星发病区采用土壤灭菌法每亩用 60~90 毫升溴甲烷·二溴乙烷处理土壤，或用 40~60 ℃高温处理 15 厘米深土壤 10~20 分钟；选用抗病或耐病的品种，也可在耕地前每亩地撒施多菌灵等杀菌剂 10 千克左右。重病地块小麦播种前采用焦木酸原液或 1:4 的稀释液处理土壤，这种方法不但对灭菌有效，还有抑制杂草的作用；利用石灰氮作肥料对防治本病有显著效果。

3. 药剂防治

喷药时应先对发病（点）区采取封锁，再向四周喷药保护。每亩选用 5%盐酸吗啉胍 300~400 克，或用 10%乙唑醇乳油 30~50 毫升兑水 30~45 千克，视病情发展情况，间隔 7~10 天施药 1 次，连施 2~3 次。

十一、小麦黄矮病

（一）主要症状

小麦从幼苗到成株期均能感小麦黄矮病，由小麦蚜虫传染的一种病毒病。在我国冬、春麦区都有不同程度的发生，感病小麦整株发病，黄化矮缩，流行年份可减产20%～30%，严重时减产50%以上。苗期感病时，叶片失绿变黄，病株矮化严重，其高度只有健株的1/3～1/2（图5-31）。被侵染的病苗根系浅、分蘖少，上部幼嫩叶片从叶尖开始发黄，逐渐向下扩展，使叶片中部也发黄，呈亮黄色，有光泽，叶脉间有黄色条纹。病叶较厚、较硬，叶背蜡质较多。拔节期被侵染的植株，只有中部以上叶片发病，病叶也是先从叶尖开始变黄，通常变黄部分仅达

图5-31　小麦黄矮病病株（左）与健株（右）

叶片的 1/3~1/2 处，病叶亮黄色，变厚、变硬。有的病叶叶脉仍为绿色，因而出现黄绿相间的条纹。后期全叶干枯，有的变为白色，多不下垂。矮化现象不很明显，但秕穗率增加，千粒重降低。穗期感病的麦株仅旗叶发黄，症状同上。个别品种染病后，叶片变紫。

（二）发生规律

小麦黄矮病由传毒麦蚜为害麦苗感病。麦蚜冬季以若虫、成虫或卵在麦苗、杂草的基部或根际越冬，翌年春季为害和传毒。因此春秋两季是黄矮病传播和侵染的主要时期，春季更是黄矮病的主要流行时期。

（三）防治方法

1. 农业防治

选用抗病、耐病品种；加强栽培管理，增施有机肥，扩大水浇面积，创造不利于蚜虫繁殖的生态环境，冬麦区避免过早或过迟播种；清除田间杂草，减少毒源寄主。

2. 种子处理

可用 600 克/升吡虫啉悬浮种衣剂，按照 100 千克种子用药 600~700 毫升进行种子包衣，残效期达 40 天左右。拌种地块冬前一般不治蚜。

3. 药剂防治

根据虫情调查结果决定，一般在 10 月下旬至 11 月中旬喷一次药，以防止麦蚜在田间蔓延、扩散，减少越冬虫源基数。返青到拔节期防治 1~2 次，就能控制麦蚜与黄矮病的流行。药剂种类和使用浓度：10% 吡虫啉可湿性粉剂 2 000~3 000 倍液，还可采用氰戊·辛硫磷、高效氯氰菊酯等。当蚜虫和黄矮病混合发生时，应采用治蚜、防治病毒病和田间管理相结合的综合措施。将杀蚜剂、防治病毒剂和叶面肥、植物生长调节剂等按适当比例混合喷雾，将可收到比较好的效果。

十二、小麦丛矮病

（一）主要症状

丛矮病在北方麦区普遍发生，轻病田减产 10%～20%，重病田减产 50% 以上，甚至绝收。感病植株分蘖增多，明显矮化（图 5-32），上部叶片从叶基部开始出现叶脉间褪绿，逐渐向叶尖扩展，形成不受叶脉限制的黄绿相间的条纹（图 5-33）。心叶不伸展，不抽穗。秋苗发病重的植株不能越冬。拔节后感病的植株只有上部叶片有黄绿相间的条纹，能抽穗，但籽粒秕瘦。

图 5-32　小麦丛矮病矮化株

图 5-33　小麦丛矮病叶片条纹

（二）发生规律

小麦丛矮病由灰飞虱传播，灰飞虱刺吸带毒寄主后，可终生带毒。小麦出苗后，带毒灰飞虱由越夏寄主迁入麦田，刺吸麦苗传毒，造成秋苗发病。带毒灰飞虱在小麦、杂草根际或土缝中越冬，翌年在麦田继续传毒为害。小麦成熟后，灰飞虱迁至自生麦苗、禾本科杂草等寄主上越夏。该病害在邻近杂草地或靠近水渠草多的麦田发生重。小麦播种早，发病重；侵染越早，受害越重；秋季温度偏高，灰飞虱的活动时期长，有利于发病。

（三）防治方法

1. 农业措施

适期晚播，播种前将田间和田边杂草彻底清除。

2. 种子处理

70%吡虫啉可湿性粉剂30克，兑水700毫升，拌种10千克。

3. 药剂防治

每亩用10%吡虫啉可湿性粉剂2 000倍液，或25%噻嗪酮可湿性粉剂25~30克，兑水30千克全田喷雾防治灰飞虱，或在地头喷5~7米药带阻止灰飞虱侵入麦田。

第二节　小麦害虫的绿色防治技术

一、麦蜘蛛

（一）形态特征

麦蜘蛛一生有卵、若螨、成螨3个虫态（图5-57，图5-58）。麦长腿蜘蛛：雌成螨体卵圆形，黑褐色，体长0.6毫米，宽0.45毫米，成螨4对足，第一对和第四对足发达。卵呈圆柱形。1龄幼螨3对足，初为鲜红色，取食后呈黑褐色。2~3龄若螨4对足，体色、体形与成螨相似。麦圆蜘蛛：成螨卵圆形，深红褐色，背有一红斑，有4对足，第一对足最长。卵椭圆形，初为红色，渐变淡红色。1龄幼螨有足3对。2~4龄若螨有足4对，与成螨相似。

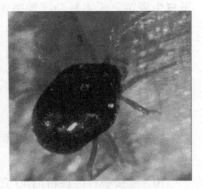

图 5-34　麦蜘蛛若螨　　　　　　　图 5-35　麦蜘蛛成螨

（二）为害特征

在中国小麦产区常见的麦蜘蛛主要有两种：麦长腿蜘蛛和麦圆蜘蛛。北方以麦长腿蜘蛛为主，南方以麦圆蜘蛛为主。麦圆蜘蛛以为害小麦为主，主要分布在地势低洼、地下水位高、土壤黏重、植株过密的麦田。麦长腿蜘蛛主要发生在地势高燥的干旱麦田。麦蜘蛛在冬前或春季以成螨、若螨刺吸叶片汁液，被害麦叶出现黄白色小点，植株矮小，发育不良，重则干枯死亡。

（三）发生规律

麦长腿蜘蛛每年发生 3~4 代，麦圆蜘蛛每年发生 2~3 代，两者都是以成螨、若螨和卵在植株根际、杂草上或土缝中越冬，翌年 2 月中旬成螨开始活动，越冬卵孵化；3 月中下旬至 4 月上旬虫口密度迅速增大，为害加重；5 月中下旬，成螨数量急剧下降，以卵越夏；越夏卵 10 月上中旬陆续孵化，在小麦幼苗上繁殖为害，喜潮湿，多在 8：00 以前和 17：00 以后活动为害；12 月以后若螨减少，越冬卵增多，以卵或成螨越冬。

（四）防治方法

1. 农业防治

因地制宜采用轮作倒茬，麦收后浅耕灭茬能杀死大量虫体、可有效消灭越夏卵及成螨，减少虫源；合理灌溉灭虫，在麦蜘蛛潜伏期灌水，可使虫体被泥水黏于地表而死。灌水前先扫动麦株，使麦蜘蛛假死落地，随即放水，收效更好；加强田间管理，增强小麦自身抗病虫害能力；及时进行田间除草，以有效减轻其为害。

2. 药剂防治

当麦垄单行 33 厘米有虫 200 头时防治。可选用 1.8%阿维菌素乳油 4 000 ~ 5 000 倍液、15%哒螨灵乳油 2 000 ~ 3 000 倍液、20%哒螨灵可湿性粉剂 3 000 ~ 4 000 倍液或 45%马拉硫磷乳油 2 000 倍液喷雾。

二、麦茎蜂

（一）形态特征

1. 成虫

体长 8~12 毫米，腹部细长，全体黑色（图 5-36），触角丝状，翅膜质透明，前翅基部黑褐色，翅痣明显。雌蜂腹部第四、第六、第九节镶有黄色横带，腹部较肥大，尾端有锯齿状的产卵器。雄蜂第三至第九节亦生有黄色横带。第一、第三、第五、第六腹节腹侧各具 1 个较大的浅绿色斑点，后胸背面具 1 个浅绿色三角形点，腹部细小且粗细一致。

2. 卵

长约 1 毫米，长椭圆形，白色透明。

3. 幼虫

末龄幼虫体长 8~12 毫米，体乳白色，头部浅褐色，胸足退化成小突起，身体多皱褶，臀节延长成几丁质的短管（图 5-37）。

图 5-36　麦茎蜂成虫　　　　　图 5-37　麦茎蜂幼虫

4. 蛹

蛹长 10~12 毫米，黄白色，近羽化时变成黑色，蛹外被薄茧。

（二）为害特征

麦茎蜂又名烟翅麦茎蜂、乌翅麦茎蜂，是小麦上的主要害虫。国内各地均有分布，以青海、甘肃、陕西、山西、河南、湖北为主。以幼虫钻蛀茎秆，向上、向下打通茎节，蛀食茎秆后老熟幼虫向下潜到小麦根茎部为害，咬断茎秆或仅留表皮连接，断口整齐。轻者田间出现零星白穗，重者造成全田白穗、局部或全田倒伏，导致小麦籽粒瘪瘦，千粒重大幅下降，损失严重。

（三）发生规律

麦茎蜂每年发生 1 代，以老熟幼虫在茎基部或根茬中结薄茧越冬。翌年小麦孕穗期陆续化蛹，小麦抽穗前进入羽化高峰。卵多产在茎壁较薄的麦秆里，产卵量 50~60 粒，产卵部位多在小麦穗下 1~3 节组织幼嫩的茎节附近。幼虫孵化后取食茎壁内部，3 龄后进入暴食期，常把茎节咬穿或整个茎秆食空，老熟幼虫逐渐向下蛀食到茎基部，麦穗变白；或将茎秆咬断，仅留表皮，断口整齐，易引起小麦倒伏。幼虫老熟后在根茬中结透明薄茧越冬。

（四）防治方法

1. 农业防治

麦收后及时灭茬，秋收后深翻土壤，破坏该虫的生存环境，减少虫口基数。选育秆壁厚或坚硬的抗虫品种。

2. 化学防治

在成虫羽化初期，每亩用5%毒死蜱颗粒剂1.5~2千克，拌细土20千克，均匀撒在地表，杀死羽化出土的成虫。也可在小麦抽穗前，选用20%氰戊菊酯乳油1 500~2 000倍液，或4.5%高效氯氰菊酯乳油1 000倍液，或45%毒死蜱乳油1 000~1 500倍液，喷雾防治成虫。

三、麦叶蜂

（一）形态特征

麦叶蜂（图5-38），成虫体长8~9.8毫米，雄蜂体略小，黑色微带蓝光，后胸两侧各有一白斑。翅透明膜质，带有极细的淡黄色斑。胸腹部光滑，散有细刻点。小盾片黑色近三角形，有

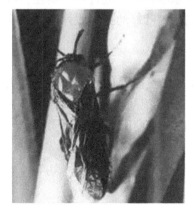

图5-38 麦叶蜂形态

细稀刻点。卵扁平肾形淡黄色，表面光滑。

（二）为害特征

麦叶蜂有小麦叶蜂、黄麦叶蜂和大麦叶蜂 3 种。麦叶蜂幼虫为害小麦叶片，从叶边缘向内咬成缺刻，重者可将叶片吃光。严重发生年份，麦株可被吃成光秆，仅剩麦穗，使麦粒灌浆不足，影响产量。

（三）发生规律

在北方每年发生 1 代，4 月上旬至 5 月初是幼虫为害盛期，幼虫有假死性，1~2 龄期为害叶片，3 龄后怕光，白天伏在麦丛中，傍晚后为害，4 龄幼虫食量增大，虫口密度大时，可将麦叶吃光，5 月上、中旬老熟幼虫入土作土茧越夏休眠，到 10 月间化蛹越冬。幼虫喜欢潮湿环境，土壤潮湿，麦田湿度大，通风透光差，有利于它的发生。

（四）防治方法

1. 农业防治

在种麦前深翻耕，可把土中休眠的幼虫翻出，使其不能正常化蛹，以致死亡；有条件地区实行水旱轮作，进行合理倒茬，可降低虫口密度，减轻该虫为害；利用麦叶蜂幼虫的假死性，傍晚时进行捕打灌水淹没。

2. 药剂防治

防治标准是每平方米有虫 30 头以上需要用药剂防治。可用 40%辛硫磷乳油 1 500 倍液喷雾，或 20%高效氯氰菊酯 2 000~3 000 倍液，或 10%吡虫啉乳油 3 000~4 000 倍液，每亩喷稀释药液 50~60 千克。

四、小麦黏虫

（一）形态特征

黏虫（图5-39）成虫体长 15~17 毫米，老熟幼虫体长 38 毫米左右，以幼虫啃食麦叶而影响小麦产量。幼虫体色由淡绿色至浓黑色，常因食料和环境不同而变化甚大；幼虫头部为棕褐色，有"八"字形纹，体色多变，有黑绿色、黑褐色、浅绿色等。全身有5条纵行的暗色较宽条纹。蛹体为红褐色。

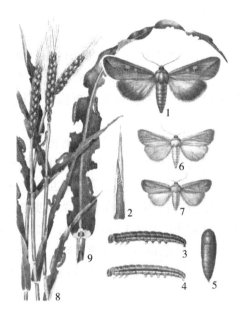

图5-39 黏虫 成虫（1），卵（2），幼虫（3、4），蛹（5），雌雄成虫（6、7），被害状（8、9）

（二）为害特征

小麦黏虫属鳞翅目夜蛾科。除新疆未见报道外，遍布我国各地。主要为害麦、稻、粟、玉米等禾谷类粮食作物及棉花、豆类、蔬菜等多种植物。以幼虫啃食麦叶而影响小麦产量，大流行时可将作物叶片全部食光，造成严重损失。具群聚性、迁飞性、杂食性、暴食性，成为主要农业害虫之一。

（三）发生规律

每年发生世代数各地不一，东北三省、内蒙古 2~3 代，华北中南部 3~4 代，黄淮流域 4~5 代，长江流域 5~6 代，华南 6~8 代。第一代幼虫多发生在 4—5 月，主要为害小麦。

（四）防治方法

1. 诱杀成虫

利用成虫多在禾谷类作物叶上产卵习性，自成虫开始产卵起至产卵盛期末止，在麦田插谷草把或稻草把，每亩地插 10 把，把顶应高出麦株 15 厘米左右，每 5 天更换新草把，把换下的草把集中烧毁。

生物诱杀成虫，利用成虫交配产卵前需要采食以补充能量的生物习性，采用具有其成虫喜欢气味（如性引诱剂等）配比出来的诱饵，配合少量杀虫剂进行诱杀成虫。这种方法可以减少 90% 以上的化学农药使用量，大量诱杀成虫能大大减少落卵量及幼虫为害。只需 80~100 米喷洒 1 行，大幅减少人工成本，同时减少化学农药对食品以及环境的影响。此外，也可用糖醋盆、黑光灯等诱杀成虫，均能有效降低虫口密度，减少虫卵基数。

2. 药剂防治

根据实际调查及预测预报，掌握在幼虫 3 龄前及时喷洒 20% 灭幼脲悬浮剂 500~1 000 倍液、2.5% 高效氯氰菊酯乳油 1 500~2 000 倍液或 4% 高氯·甲维盐微乳剂 1 000~1 500 倍液。

五、小麦蚜虫

（一）形态特征

小麦蚜虫（图 5-40）在适宜的环境条件下，都以无翅型孤雌胎生若蚜生活。在营养不足、环境恶化或虫群密度大时，则产生有翅型迁飞扩散，但仍行孤雌胎生。卵翌春孵化为干母，继续产生无翅型或有翅型蚜虫。卵长卵形，长为宽的1倍，1毫米左右，刚产出的卵淡黄色，颜色逐渐加深，5天左右即呈黑色。干母、无翅雌蚜和雌性蚜，外部形态基本相同，只是雌性蚜在腹部末端可看出产卵管。雄性蚜和有翅胎生蚜外部形态亦相似，除具性器官外，一般个体稍小。

图 5-40　小麦麦蚜

（二）为害特征

小麦蚜虫又名腻虫，是小麦生产中的主要害虫，以成虫、若虫刺吸麦株茎、叶和嫩穗的汁液为害小麦（直接为害），再加上蚜虫排出的蜜露，落在麦叶片上，严重影响光合作用（间接为害）。前期为害可造成麦苗发黄，影响生长，后期被害部分出现黄色小斑点，麦叶逐渐发黄，麦粒不饱满，严重时麦穗枯白，不能结实，甚至整株枯死，严重影响小麦产量。

（三）发生规律

小麦蚜虫的越冬虫态及场所均依各地气候条件而不同。南方无越冬期；北方麦区、黄河流域麦区以无翅胎生雌蚜在麦株基部叶丛或土缝内越冬，北部较寒冷的麦区，多以卵在麦苗枯叶上、杂草上、茬管中、土缝内越冬，而且越向北，以卵越冬率越高。从发生时间上看，麦二叉蚜早于麦长管蚜，麦长管蚜一般到小麦拔节后才逐渐加重。

麦蚜为间歇性猖獗发生，这与气候条件密切相关。麦长管蚜喜中温不耐高温，要求湿度为 40%~80%，而麦二叉蚜则耐 30 ℃高温，喜干怕湿，湿度以 35%~67% 为适宜。一般早播麦田，蚜虫迁入早，繁殖快，为害重；夏秋作物的种类和面积直接关系麦蚜的越夏和繁殖。

(四) 防治方法

1. 农业防治

主要采用合理布局作物，冬、春麦混种区尽量使其单一化，秋季作物尽可能为玉米和谷子等；选择一些抗虫耐病的小麦品种，造成不良的食物条件，抑制或减轻蚜虫发生；冬麦适当晚播，实行冬灌，早春耙磨镇压，减少前期虫源基数。

2. 药剂防治

主要防治穗期蚜虫，抽穗后当蚜株率超过 30%、百株蚜量超过 1 000 头、瓢蚜比小于 1：150 就要及时防治。每亩用 4.5%高效氯氰菊酯可湿性粉剂 30~60 毫升、10%吡虫啉可湿性粉剂 15~20 克、50%抗蚜威可湿性粉剂 10~15 克，上述农药中任选一种，兑水 30 千克喷雾。在早晨露水干后或 16：00 以后均匀喷雾，防治效果均较好，如发生较严重。还可用吡蚜酮、氟啶虫胺腈、啶虫脒等防治。

六、麦茎谷蛾

(一) 形态特征

麦茎谷蛾成虫（图 5-41）体长 5.9~7.9 毫米，翅展 10.4~13.5 毫米。全身密布鳞片，头顶密布灰黄色长毛，触角丝状。

前翅灰褐色，上有2~3条深褐色斑块，外缘有灰褐色细毛；后翅黑灰色，沿前缘有白色剑状斑，外缘与后缘有灰白色缘毛。腹部粗肥，背面第五节白色，其余黑色，腹面黄褐色。麦茎谷蛾初孵幼虫乳白色，2龄以后为黄白色，老熟幼虫（图5-42）体长10.5~15.2毫米，细长圆筒形。前胸及腹部各节的气孔周围均具黑斑。第十腹节背面有4个横列的小黑点，末节臀板上有6根刚毛。蛹为纺锤形，长7~10.5毫米，初为黄白色，羽化前为黄褐色，腹端有6根短刺。

图5-41　麦茎谷蛾成虫

图5-42　麦茎谷蛾幼虫

（二）为害特征

麦茎谷蛾每年发生1代，以低龄幼虫在麦苗心叶中越冬。返青后幼虫开始在心叶钻蛀为害，拔节期造成小麦心叶残缺、扭曲或枯心。抽穗期为害加重，幼虫钻蛀茎节，蛀食穗节基部形成白穗。一头幼虫可转移为害2~3株小麦。

（三）发生规律

5月上中旬幼虫老熟，在旗叶或倒2叶叶鞘内结成白色网状虫茧化蛹，蛹期20天。5月下旬至6月上旬小麦成熟期蛹羽化，

6月中旬成虫盛发。成虫有假死性，中午前后最为活跃，下午飞到隐蔽场所。潜藏在屋檐、墙缝、草垛和老树皮内越夏，秋季飞到麦田产卵，邻近村庄的麦田发生重。

（四）防治方法

1. 药剂防治

拔节期用80%敌敌畏乳油1 500倍液、50%辛硫磷乳油1 500~2 000倍液或90%敌百虫晶体1 000倍液喷雾。

2. 人工防治

成株期发现麦茎谷蛾为害造成的枯白穗，剪除倒2叶以上的枯白穗部分，带出田外烧毁或深埋，减少虫源，减轻来年为害。

七、地下害虫

麦田常见地下害虫有蛴螬、金针虫、蝼蛄，为害方式是咬食嫩芽、幼苗、植株根茎，造成缺苗断垄。近年来由于秸秆还田，简化栽培，少、免耕等耕作制度的改变，拌种药剂单调等原因，地下害虫的种群数量回升，为害普遍加重，尤其是金针虫、蛴螬在部分地区重度发生。

（一）为害特征

1. 蛴螬

蛴螬（图5-43）为多种金龟子的幼虫，其种类最多、为害重、分布广，是为害小麦的主要地下害虫之一。为杂食性，几乎为害所有的大田作物、蔬菜、果树等，主要种类有铜绿金龟、大黑鳃金龟、暗黑鳃金龟、黄褐丽金龟等。幼虫为害麦苗地下分蘖节处，咬断根茎使苗枯死，为害时期有9—11月和4—5月两个高峰期。蛴螬防治指标：蛴螬3头/米^{2}及以上。

图 5-43 蛴螬

2. 金针虫

又称沟叩头虫，主要有沟金针虫和细胸金针虫两大类。以幼虫咬（取）食种子、幼芽和根茎，可钻入种子、根茎相交处或地下茎中，被害处不整齐呈乱麻状，形成枯心苗以致全株枯死（图 5-44）。防治指标：金针虫 3~5 头/米² 及以上，春季麦苗被害率 3% 及以上。

图 5-44 金针虫

3. 蝼蛄

常见的种类主要有非洲蝼蛄和华北蝼蛄，蝼蛄几乎为害所有大田作物、蔬菜，为害小麦是从播种开始直到翌年小麦乳熟期，春秋季为害小麦幼苗，以成虫或若虫（图5-45）咬食发芽种子和咬断幼根嫩茎，经常咬成乱麻状使麦苗萎蔫、枯死，并在土表穿行活动钻成隧道，使种子、幼苗根系与土壤脱离不能萌发、生长或根土若分若离进而枯死，出现缺苗断垄、点片死株，为害重者造成毁种重播。蝼蛄防治指标：0.3~0.5头/米² 及以上。

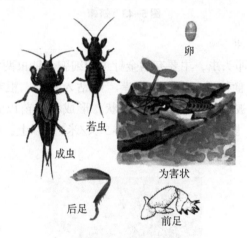

图5-45 蝼蛄

（二）防治方法

1. 农业防治

地下害虫尤以杂草丛生、耕作粗放的地区发生重而多。采用一系列农业技术措施，如精耕细作、轮作倒茬、秸秆还田结合深耕深翻整地、施用充分腐熟的有机肥、适时中耕除草、合理灌水，均可压低虫口密度，减轻为害。

2. 药剂防治

（1）**土壤处理** 为减少土壤污染和避免杀伤天敌，应提倡局部施药和施用颗粒剂。在多种地下害虫、吸浆虫混发区或单独严重发生区，可用3%辛硫磷颗粒剂每亩2~3千克于犁地前均匀撒施地表，或每亩用50%辛硫磷乳油250~300毫升兑水30~40千克于犁地前均匀喷洒于地表，或每亩用50%辛硫磷乳油250毫升，兑水1~2千克，拌细土20~25千克配成毒土撒入田间，随犁耙地翻入土中。

（2）**药剂拌种** 对地下害虫一般发生区，用50%辛硫磷乳油拌种时按1∶70∶700（农药∶水∶种子）拌种，对地下害虫有良好的防治效果，并能兼治田鼠。先将农药按要求比例加水稀释成药液，再与种子混合拌匀，堆闷5~6小时，摊晾后即可播种。

（3）**苗后防治** 小麦出苗后，当死苗率达到3%时，立即施药防治。一是撒毒土。每亩用5%辛硫磷颗粒剂2千克或3%辛硫磷颗粒剂3~4千克，用细土30~40千克拌匀后开沟施或顺垄撒施，可以有效地防治蛴螬和金针虫。二是撒毒饵。用麦麸或饼粉5千克，炒香后加入适量水和40%辛硫磷乳油300~500克拌匀后于傍晚撒在田间，每亩2~3千克，对蝼蛄的防治效果可达90%以上。

（4）**灌根** 可用40%毒·辛乳油1 000倍液，从16∶00开始灌在麦苗根部，杀虫率达90%以上，兼治蛴螬和金针虫。

八、小麦吸浆虫

（一）形态特征

麦红吸浆虫雌成虫体长2~2.5毫米，翅展5毫米左右，体橘红色（图5-46）。前翅透明，有4条发达翅脉；后翅退化为平衡棍。触角细长,14节,雄虫每节中部收缩使各节呈葫芦结状,膨大部分各生一圈长环状毛。雌虫触角呈念珠状,上生一圈短环状毛。雄虫体长2毫米左右。卵长0.09毫米,长圆形,浅红色。幼虫体长3~3.5毫米,椭圆形,橙黄色(图5-47),头小,无足,蛆形,前胸腹面有1个"Y"形剑骨片,前端分叉,凹陷深。蛹长2毫米,裸蛹,橙褐色,头前方具白色短毛2根和长呼吸管1对。

麦黄吸浆虫,雌成虫体长2毫米左右,体鲜黄色。卵长0.29毫米,香蕉形。幼虫体长2~2.5毫米,黄绿色或姜黄色,体表光滑,前胸腹面有剑骨片,剑骨片前端呈弧形浅裂,腹末端生突起2个。蛹鲜黄色,头端有1对较长毛。

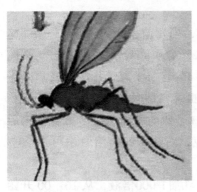
图5-46　小麦吸浆虫成虫

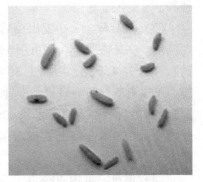
图5-47　小麦吸浆虫幼虫

(二) 为害特征

小麦吸浆虫常见的有麦红吸浆虫、麦黄吸浆虫两种。黄淮流域以麦红吸浆虫为主,麦黄吸浆虫少有发生。该虫幼虫潜伏在颖壳内吸食正在灌浆的麦粒汁液为害,其生长势和穗型不受影响，由于麦粒被吸空、麦秆表现直立不倒，具有假旺盛的长势。受害麦粒变瘦（图 5-78），甚至成空壳，出现"千斤①的长势，几百斤甚至几十斤产量"的残局。吸浆虫对小麦产量具有毁灭性，一般可造成 10%~30% 的减产，严重的达 70% 以上，甚至绝收。

（三）发生规律

麦红吸浆虫在每年发生 1 代，但幼虫有多年休眠习性，因此也有多年 1 代的可能。以幼虫在土中结圆茧越夏越冬，越冬幼虫 3—4 月化蛹，4 月下旬成虫羽化，产卵于未扬花的颖壳内，幼虫吸食正在灌浆的麦粒汁液，5 月下旬入土越夏。

（四）防治方法

1. 农业防治

施足基肥，春季少施化肥，使小麦生长发育整齐健壮。

2. 药剂防治

（1）蛹期防治　蛹期防治是在小麦孕穗期进行，是防治该虫的关键时期。可用 50% 辛硫磷乳油 150 毫升/亩、48% 毒死蜱乳油 100~125 毫升/亩或 50% 倍硫磷乳油 75 毫升/亩加 20 千克细土制成毒土，均匀撒在地表，然后进行锄地，把毒土混入表土层中，如施药后灌 1 次水，效果更好。

（2）成虫期防治　小麦齐穗期也可结合防治麦蚜，喷施 40% 乐果乳油、80% 敌敌畏乳油 100 毫升/亩、50% 马拉硫磷乳油 35 毫升/亩、4.5% 氯氰菊酯乳油 40 毫升/亩、2.5% 溴氰菊酯乳油 2 000 倍液等防治成虫。该虫卵期较长，发生严重时可连续防治 2 次。

---

① 2 斤 = 1 千克。

九、小麦潜叶蝇

(一) 为害特征

小麦潜叶蝇以雌成虫产卵器刺破小麦叶片表皮产卵及幼虫潜食叶肉为害。雌成虫产卵器在小麦第一、第二片叶中上部叶肉内产卵，形成一行行淡褐色针孔状斑点；卵孵化成幼虫后潜食叶肉为害，潜痕呈袋状，其内可见蛆虫及虫粪，造成小麦叶片半段干枯。一般年份小麦被害株率 5%～10%，严重田小麦被害株率超过 40%，严重影响小麦的生长发育。

(二) 形态特征

小麦黑潜叶蝇成虫 (图 5-48) 体长 2.2～3 毫米，黑色小蝇类。头部半球形，间额褐色，前端向前显著突出。复眼及触角 1～3 节黑褐色。前翅膜质透明，前缘密生黑色粗毛，后缘密生淡色细毛，平衡棒的柄为褐色，端部球形白色。幼虫 (图 5-49) 长 3～4 毫米，乳白色或淡黄色，蛆状。蛹长 3 毫米，初化时为黄色，背呈弧形，腹面较直。

图 5-48　小麦黑潜叶蝇成虫　　图 5-49　小麦黑潜叶蝇幼虫

(三) 发生规律

小麦黑潜叶蝇一般年份每年发生 1～2 代，以蛹在土中越冬，春小麦出苗期和冬小麦返青期羽化出土，先在油菜等植物上吸食花蜜补充营养，后在小麦叶子顶端产卵，孵化潜食小麦叶肉；幼虫约10天老熟，爬出叶外入土化蛹越冬。冬小麦返青早、长势好的田块，成虫产卵量大，为害重。小麦黑斑潜叶蝇发生世代不详，幼虫潜道细窄，老熟幼虫从虫道中爬出，附着在叶表化蛹和羽化，与小麦黑潜叶蝇在土中化蛹显著不同。麦水蝇在小麦生长发育期发生2代，以蛹或老熟幼虫在小麦叶鞘内越冬，翌年春季羽化，先在油菜上吸食花蜜补充营养，后交尾产卵，孵化后即蛀入叶内取食叶肉，潜道呈细长直线，幼虫龄期增大后，蛀入叶鞘为害。

（四）防治方法

以成虫防治为主、幼虫防治为辅。

1. 农业防治

清洁田园，深翻土壤。冬麦区及时浇冻水，杀灭土壤中的蛹。加强田间管理，科学配方施肥，增强小麦抗逆性。

2. 化学防治

（1）成虫防治　小麦出苗后和返青前，用2.5%溴氰菊酯乳油或20%甲氰菊酯乳油2 000～3 000倍液，均匀喷雾防治。

（2）幼虫防治　发生初期，用1.8%阿维菌素乳油3 000～5 000倍液、4.5%高效氯氰菊酯乳油1 500～2 000倍液、20%阿维·杀虫单微乳剂1 000～2 000倍液或45%毒死蜱乳油1 000倍液喷雾防治。

第三节　小麦田杂草的绿色防治技术

一、麦田杂草的识别

（一）雀麦

雀麦，越年生或一年生杂草，与小麦同期出苗。幼苗期（图5-

50）茎基部淡绿色或淡紫红色。叶片细线形，前端尖锐，且有白色茸毛，叶缘茸毛顺生。成株期茎直立，丛生。叶鞘有白色茸毛。叶片为条形，叶两面都有白色茸毛。穗披散，有分枝，细弱。小穗初期圆筒状，成熟后扁平（图5-51）；籽粒扁平，纺锤形，基部尖。

图5-50　雀麦苗期　　　　　　图5-51　雀麦穗

（二）节节麦

节节麦，又名粗山羊草，世界性恶性杂草，与小麦的亲缘关系很近。节节麦为种子繁殖，9—10月出苗，株高40～90厘米（图5-52），花果期5—6月，成熟落粒（图5-53），为害严重。

图5-52　节节麦生长期形态特征　　图5-53　节节麦成熟期形态特征

多生于荒芜草地或麦田中。

（三）野燕麦

野燕麦，又名燕麦草、铃铛麦（图5-54），禾本科燕麦属，一年生或越年生旱地杂草。株高60~100厘米，以种子繁殖。种子休眠2~3个月后陆续具有发芽能力。适宜的发芽温度为10~20℃，春麦区野燕麦早春发芽，成熟期7—8月。冬麦区秋季发芽，4—5月抽穗开花，5—6月颖果成熟落粒。主要为害小麦、大麦、燕麦、青稞、油菜、豌豆等作物（图5-55）。

图5-54 野燕麦苗期

图5-55 野燕麦田间为害状

（四）狗尾草

狗尾草，又名狗尾巴草、绿狗尾草。春季出苗。幼苗期叶片披针形（图5-56），无毛。成株期茎秆直立或基部膝曲，有分枝，叶片线条状披针形，顶端尖，基部圆。叶鞘光滑，叶舌退化为毛状。穗顶生，圆锥花序，近圆柱形，顶部稍尖。穗上生有绿色或紫色的刚毛（图5-57），小穗椭圆形，籽粒圆形。

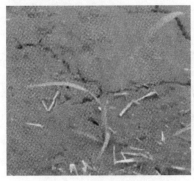

图 5-56　狗尾草苗期　　　　　　图 5-57　狗尾草穗

（五）播娘蒿

播娘蒿，又名麦蒿，十字花科播娘蒿属，一年生或越年生旱地杂草。株高 30~137 厘米。种子繁殖。冬麦区播娘蒿麦播后陆续出苗（图 5-58），10 月为出苗高峰。幼苗越冬。翌年早春气温回升还有部分种子发芽。花果期 4—6 月，种子成熟后角果易裂落粒，也可与麦穗一起被收获，混于麦粒中。生于麦田、油菜地、果园、菜地及渠边、路旁等地（图 5-59）。

图 5-58　播娘蒿　　　　　　图 5-59　播娘蒿田间为害状

(六) 麦家公

麦家公，又名田紫草、毛妮菜等，紫草科紫草属，越年生或一年生杂草。株高30~50厘米 (图5-60)。喜湿润，种子繁殖。秋天发芽为主，少数早春出苗。花果3—5月，麦收前成熟。种子落地或混于小麦等谷物中，也可黏附于人畜、机械上传播。生于麦田、油菜田、果园、菜地、渠边、荒坡及路旁 (图5-61)。

图5-60 麦家公成株

图5-61 麦家公田间为害状

(七) 藜

藜，又名灰灰菜，藜科藜属。越年生、一年生或一年两季生草本植物，以一年生为主。株高20~50厘米 (图5-62)，种子繁殖，以幼苗或种子越冬。早春萌发，花期3—5月，果期4—6月。适生于湿润、具轻度盐碱的砂壤土上。生于麦田、油菜田、荒地、路旁及山坡 (图5-63)。

图 5-62 藜　　　　　　　　　图 5-63 藜田间为害状

（八）麦瓶草

麦瓶草，又名米瓦罐、面条棵、净瓶、麦黄菜等，石竹科蝇子草属，一年生杂草。株高 30~80 厘米（图 5-64）。种子繁殖，以幼苗或种子越冬。黄河中、下游 9—10 月出苗，早春出苗数量较少；花期 4—6 月，种子于 5 月即逐渐成熟。生于麦田、油菜田、果园、菜地及路旁（图 5-65）。

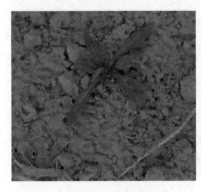

图 5-64 麦瓶草　　　　　　图 5-65 麦瓶草田间为害状

（九）猪殃殃

猪殃殃，又名锯锯草、八仙草等，茜草科猪殃殃属，一年生或越年生杂草。成株多自基部分枝（图5-66），长30～100厘米，4棱，棱上有倒生小刺。种子繁殖，坚果近球形，具钩刺。温暖的秋天发芽最多，少量早春发芽。5月中下旬果实落入土中或混于麦粒中，休眠期数月。生于麦田、果园、菜地及休闲地（图5-67）。

图5-66 猪殃殃成株

图5-67 猪殃殃田间为害状

（十）蜡烛草

蜡烛草，又名鬼蜡烛、假看麦娘等，禾本科梯牧草属，越年生或一年生杂草。株高20～60厘米（图5-68），种子繁殖。在我国主要分布于长江流域和黄河流域。喜温暖、湿润的气候，抗旱能力较差。10月出苗，花果期5—6月。在潮湿的壤土或黏土中生长最为茂盛，耐洼地水湿，不耐盐碱。生于潮湿麦田、渠边、河滩等（图5-69）。

图5-68　蜡烛草苗期

图5-69　蜡烛草田间为害状

（十一）王不留行

王不留行（图5-70），又名麦蓝菜、奶米、大麦牛、马不留等，石竹科麦蓝菜属。以种子繁殖。秋季10—11月出苗，早春有少数出苗，种子及幼苗越冬，花果期4—5月。生于麦田、油菜田、果园及菜地（图5-71）。

图5-70　王不留行

图5-71　王不留行田间为害状

(十二) 看麦娘

看麦娘，又名麦娘娘、棒棒草，禾本科看麦娘属，一年生或越年生旱地杂草。株高20~50厘米（图5-72），以种子繁殖。种子休眠期3~6月，越夏后即或发芽。小麦播种一周后，看麦娘陆续发芽，在麦田越冬。翌年2月返青拔节后抽穗，4—5月成熟并落粒于土中，也可随水流传播。主要为害小麦、油菜（图5-73）。

图5-72 看麦娘　　　　　　图5-73 看麦娘田间为害状

(十三) 荠菜

荠菜，又名地丁菜、护生草、地菜等，十字花科荠菜属，一年生或越年生杂草。株高20~50厘米（图5-74），主要以种子繁殖。黄河、长江流域10月为出苗高峰。荠菜性喜温和，耐寒力强，幼苗越冬。早春返青后陆续抽薹开花，翌年早春气温回升还有部分种子发芽，花果期4—6月，种子成熟后角果易裂落粒，初夏成熟落粒。生于麦田、油菜田、果园、菜地及路旁（图5-75）。

图5-74　荠菜成株　　　　　　　　图5-75　荠菜田间为害状

（十四）芦苇

芦苇，又名苇子、芦柴、芦头。以地下根状茎或种子繁殖，茎秆直立（图5-76），中空，多节，节下常常生有白色粉状物。叶鞘无毛或被细毛，叶舌短有毛；叶片长条形，粗糙，前端尖（图5-77）；穗顶生，圆锥形花序，分枝稠密；小穗上着生小花4~7朵，基部具长6~12毫米丝状白色柔毛。根状茎发达，有节，繁殖力强。

图5-76　苗期的芦苇　　　　　　　图5-77　麦田中的芦苇

（十五）葎草

葎草，又名涩拉秧、五爪龙、锯锯藤、割人藤、拉拉秧、涩涩秧等，荨麻目桑科葎草属，多年生或一年生茎蔓草本植物，茎蔓长5~8米，茎粗糙，具倒钩刺（图5-78）。种子繁殖。3—4月出苗，花果期6—9月。生于麦田、果园、大豆、玉米及荒地、废墟、林缘、沟边等地（图5-79）。

图5-78 葎草　　　　　　　图5-79 葎草田间为害状

（十六）打碗花

打碗花，又名打碗碗花、小旋花、面根藤、狗儿蔓等，旋花科打碗花属，多年生杂草。以根芽和种子繁殖。田间以无性繁殖为主，地下茎质脆易断，每个带节的断体都能长出新的植株（图5-80）。华北地区10月部分出苗，以4—5月出苗为主，花期7—9月，果期8—10月。长江流域3—4月出苗，花果期5—7月。生于麦田、秋作物田、果园、菜地、地边、渠旁和荒地（图5-81）。

图 5-80　打碗花　　　　　　　图 5-81　打碗花田间为害状

（十七）离蕊芥

离蕊芥，又名千果草、涩荠菜、涩芥、水萝卜棵等，十字花科离蕊芥属。全株密生星状硬毛，茎基部分枝（图 5-82）。基生叶有柄。株高 10～50 厘米，种子繁殖。10 月出苗，花果期 4—5 月。生于麦田、果园、菜地、渠边、路旁（图 5-83）。

图 5-82　离蕊芥　　　　　　　图 5-83　离蕊芥田间为害状

(十八) 牛繁缕

牛繁缕，又名鹅儿肠、鹅肠菜等，石竹科牛繁缕属，越年生或多年生杂草。种子或匍匐茎繁殖（图5-84）。8月至翌年3月出苗，花果期4—6月。分布于我国多数省份，主要为害麦田、油菜、棉花、蔬菜，尤其是稻茬麦田为害更重（图5-85），也长于果园及路边，常与猪殃殃、看麦娘等混生。

图5-84　牛繁缕　　　　　　图5-85　牛繁缕田间为害状

(十九) 刺儿菜

刺儿菜，又名野红花、蓟蓟芽、小刺盖、小蓟等，菊科蓟属，多年生杂草，株高10~20厘米（图5-86）。地下部分常大于地上部分，有长根茎。近全缘或有疏锯齿，无叶柄。种子、根茎繁殖。10月出苗，冬季地上枯死，翌年3月中下旬出苗。花果期4—5月。生于麦田、秋作物田、果园、菜地、路边、渠旁、林地及休闲地（图5-87）。

图 5-86　刺儿菜　　　　　　　　图 5-87　刺儿菜田间为害状

（二十）蓟

蓟，又名地萝卜、大刺儿菜等，菊科蓟属，多年生杂草。株高 50～100 厘米。地下部分常大于地上部分，有长根茎。叶片边缘锯齿，叶长 15～30 厘米（图 5-88）。种子、根茎繁殖。4—5月出苗。花果期 6—8 月。生于麦田、玉米、大豆、甘薯、果园、菜地、路边、山坡、草地、渠旁、林地及休闲地（图 5-89）。

图 5-88　蓟　　　　　　　　　　图 5-89　蓟田间为害状

二、麦田杂草的防治

（一）防治时期

现在生产中推广的是杂草秋治。对于杂草过多，秋治不及时的，采取春季返青期补治。在小麦 3~4 叶杂草 2~3 叶期到浇冻水之前是防治杂草的最佳时期，北方地区一般在 11 月上中旬。应抓住这一时期切实做好防治工作。

（二）防治方法

1. 防治禾本科杂草

在以野燕麦、看麦娘等为主的麦田，可亩用 6.9% 精噁唑禾草灵水乳剂 50~75 毫升，兑水 40 千克均匀喷雾；在以节节麦、雀麦、看麦娘为主的麦田，亩用 30 克/升甲基二磺隆可分散油悬浮剂 25~30 毫升，兑水 40 千克均匀喷雾；在不以节节麦发生为主的麦田，亩用 70% 氟唑磺隆水分散粒剂 3 克，加 10 克安全剂兑水 40 千克喷雾，特别是对雀麦有良好的防效，同时还可防除麦田阔叶杂草。

2. 防治阔叶类杂草

麦田常见的阔叶杂草主要有播娘蒿、荠菜、麦瓶草等几种，常用 10% 苯磺隆可湿性粉剂 10 克兑水 30 千克喷雾。结合浇水或趁雨后地表湿润时喷药效果最佳。

3. 春季补治

在 2 月下旬至 3 月中旬对于冬前未及时除草而草害又发生严重的麦田，要及时补治，用药方法和用药量同杂草秋治。

（三）影响除草效果的原因

1. 用水量普遍偏少

很多农民每亩地用 15 千克水，用水量偏少，造成喷雾不均匀，成为影响除草效果的关键因素。因此，应加大用水量，每亩

用水 30 千克以上。

2. 喷雾器质量差

目前使用的主要是手动式喷雾器，跑、冒、滴、漏现象严重，雾化程度低，药物利用率低，浪费严重，直接影响了除草效果。

（四）注意事项

①未施用过的除草剂应先进行小面积试验，然后再大面积应用，以免对作物产生药害。

②注意施药时的温度，要在气温高于 10 ℃的晴天效果最好，用药的最低温度不能低于 4 ℃。

③土壤表面干旱，不宜使用除草剂。

④用药时要严格按规定时期、药量用药，配药时要用二次稀释法。

⑤喷药在无风天气进行，防止药液漂移到其他作物上。要均匀、细致、周到，不要漏喷，不要重喷。

⑥用过的药械彻底清洗后才能用于其他作物的病虫草害防治。

第六章　小麦气象灾害应对技术

第一节　小麦干旱

一、小麦干旱的类型

小麦在生长发育过程中，经常遭遇长期无雨的情况，土壤水分匮缺，结果是生长发育异常乃至萎蔫死亡，造成大幅度减产。

（一）秋旱

主要是播种至苗期，往往副热带高压南撤过快，北方干冷空气频繁南下，出现少雨干旱天气，空气相对湿度低，进而引起土壤干旱，使土壤湿度降至田间持水量的60%以下，影响播种，造成小麦"种不下、出不来""抢下种、出不全"的缺苗断垄局面。小麦播种时，如土壤水分不足，易造成小麦播种期推迟，大面积晚播，播种质量差，播后出苗不齐，影响分蘖和培养壮苗，麦苗整体素质差，抗灾能力弱，最终导致单位面积成穗不足，成熟期推迟。

（二）冬旱

冬旱导致小麦叶片生长缓慢，严重时可造成叶片干枯，越冬期小麦生长量小，大分蘖少，小麦根系发育不健壮。但一般情况下，只要小麦生长中后期雨水条件比较正常，对小麦的产量影响较小。

小麦冬季休眠需水很多，北方的冬旱实际上是一种生理干旱。浇过冻水的麦田由于冻后聚墒一般不缺水，但浇得过早或浇后气候反常回暖，表层水分蒸发形成干土层后，根系又不能吸收冻结状态的水分，通常越冬期间干土层达3厘米时对小麦就开始有不利影响，5厘米时影响严重，根茎明显脱水皱褶，8厘米时分蘖节已严重脱水受伤，可能死亡。冬季受旱尚未死亡，到早春返浆时水分仍不能上升到分蘖节部位的，因植株已开始萌动，呼吸消耗大，也可衰竭死亡。

（三）春旱

导致麦苗返青生长缓慢，茎叶枯黄，光合能力下降，干物质积累减少，小穗小花退化，穗头变小，每穗粒数减少，对产量的影响大于冬旱。北方春季水分供需矛盾最为突出，小于田间持水量的65%时分蘖成穗率就会明显降低，抽穗开花期小于70%时会降低结实率。

（四）初夏干旱

灌浆前期仍是需水高峰期，缺水可使部分籽粒退化和光合积累减少。后期严重干旱可造成早衰逼熟减产。

如果出现冬、春连旱，将对小麦产量产生极大的影响。若出现秋、冬、春三季连旱，将造成大幅度减产。

二、小麦干旱的防御

（一）秋旱防御措施

1. 抢墒播种

只要土壤含水量在15%以上或虽达不到15%但播后出苗期有灌溉条件的田块，均应抢墒播种。旱茬麦要适当减少耕耙次数，耕、整、播、压作业不间断地同步进行；稻茬麦采取免、少耕机条播技术，一次完成灭茬、浅旋、播种、覆盖、镇压等作业工序。

2. 造墒播种

对耕层土壤含水量低于15%，不能依靠底墒出苗的田块，要采取多种措施造墒播种。主要有以下5种方法。

一是有自流灌溉地区实行沟灌、漫灌，速灌速排，待墒情适宜时用浅旋耕机条播。

二是低蓄水位或井灌区，采取抽水浇灌（水管喷浇或泼浇），次日播种。

三是水源缺乏地区，先开播种沟，然后顺沟带水播种，再覆土镇压保墒。

四是稻茬麦地区要灌好水稻成熟期的"跑马水"，以确保水稻收获前7~10天播种，收稻时及时出苗。

五是对已经播种但未出苗或未齐苗的田块应灌出苗水或齐苗水，注意不可大水漫灌，以防闷芽、烂芽。对于地表结块的田块要及时松土，保证出齐苗。

3. 物理抗旱保墒

持续干旱无雨条件下，墒差，播种后出不来苗或出苗保不住的麦田，可在适当增加播种深度2~3厘米前提下再采取镇压保墒。一般播种后及时镇压，可使耕层土壤含水量提高2%~3%。

播后用稻草、玉米秸秆或土杂肥覆盖等，不仅可有效地控制土壤水分的蒸发，还有利于增肥改土、抑制杂草、增温防冻等。

如果在小麦出苗后结合人工除草松土，可切断土壤表层毛细管，减少土壤水分蒸发，达到保墒的目的。

4. 化学抗旱

在干旱程度较轻的情况下，通过选用化学抗旱剂拌种或喷施，不仅可以在土壤含水量相对较低条件下早出苗、出齐苗，而且促根、增蘖、促快生叶，具有明显的壮苗增产效果。当前应用比较成功的有抗旱剂 FA 和保水剂两种。

5. 播后即管

由于受到抗旱秋播条件的限制，播种水平、技术标准难以达到，必须及早抓好查苗补苗等工作，确保冬前壮苗，提高土壤水分利用率。出苗分蘖后遇旱，坚持浇灌、喷灌或沟灌，避免大水漫灌，防止土壤板结而影响根系生长和分蘖发生，中后期严重干旱的麦田以小水沟灌至土壤湿润为度，水量不宜过大，浸水时间不应过长，以防气温骤升而发生高温逼熟或遭遇大雨后引起倒伏。

（二）冬旱防御措施

防御冬旱最主要的是适时浇好冻水。喷灌麦田可选回暖白天少量补水。没有喷灌条件的尽量压麦提墒，早春适当早浇小水。

（三）春旱防御措施

一是培育冬前壮苗，使根系强壮深扎，提高其利用深层土壤水分的能力。

二是合理灌溉，保水能力强的黏土地早春不必急于浇水，蹲苗到拔节后和孕穗前再浇足，全生育期浇水次数宜少，量应足，易渗漏的沙土地则应少量多次浇水。水源不足时要尽量确保切断毛细管，减少土壤蒸发，旱地小麦春季更要强调锄地保墒。

（四）初夏干旱防御措施

应小水勤浇，使小麦不过早枯黄，促进茎秆养分充分转移。但前期若持续干旱，则后期不可突然浇水，否则会造成烂根。

多年的试验表明，在只浇一水的情况下，以拔节水的增产效益最为显著；在能浇二水的情况下，应保浇起身水和拔节孕穗水，保水能力强和越冬条件差的，也可保浇冻水和拔节水。

第二节　小麦冻害

一、小麦冬季冻害

（一）冬季冻害的发生症状

冬季冻害是指小麦进入冬季后至越冬期间由于寒潮降温引起的冻害。由于秋末强寒潮侵袭，日最低气温突然降至 0 ℃以下，使小麦遭受的冻害，称为初霜冻害，又叫早霜冻害、秋霜冻害。小麦苗期初霜冻害是我国小麦生产上的主要农业气象灾害之一，发生次数多、面积大、危害重，严重影响和制约我国的小麦生产。

1. 小麦冬季冻害发生时间

随地理纬度和海拔高度而变，地理纬度和海拔高度越高，初霜冻害发生时间越早。在长城以北地区，初霜冻 9 月上旬至 10 月上旬开始，在黄河及淮河流域，初霜冻 10 月中旬至 11 月上旬开始，而在长江流域，初霜冻 11 月下旬至 12 月上旬开始，华南及青藏高原无明显霜冻。

2. 小麦冬季冻害的发生症状

我国北方气候寒冷，冬季最低气温常下降至 -20 ℃左右，若在无雪层保护的多风干旱情况下，小麦常会被冻死，麦田死苗现象较为普遍。

而在偏南地区，入冬后，气温逐渐降低，麦苗经过低温抗寒锻炼，细胞组织内糖分积累，细胞液浓度增加，抗寒能力大大增强，一般不会冻死麦苗。

但没有经过低温锻炼的麦苗，或播种早、生长过旺的麦苗，或耕作粗放、播种失时、冬前生长不足的麦苗，由于细胞组织内积累糖分少、细胞液浓度低，抗寒能力差，在气温骤降时，麦苗就容易受冻，表现为叶尖或叶片呈枯黄症状。由于埋在土层中的分蘖节、根系及茎生长点未被冻死，当气温回升后，麦苗逐渐恢复生长。

适期播种的小麦冬季遭受冻害，一般只冻干叶片，只有在冻害特别严重时才出现死蘖、死苗现象。

3. 分蘖受冻死亡的顺序

先小蘖后大蘖再主茎，最后冻死分蘖节。冬季冻害的外部症状表现明显，叶片干枯严重，一般叶片先发生枯黄，而后分蘖死亡。

（二）冬季冻害的预防措施

1. 选用抗寒品种

选用抗寒耐冻品种，是防御小麦冻害的根本保证。各地要严格遵循先试验再示范推广的用种方法，结合当地历年冻害发生的类型、频率和程度及茬口早晚情况，调整品种布局，半冬性、春性品种合理搭配种植。对冬季冻害易发麦区，宜选用抗寒性强的冬性、半冬性品种。

2. 合理安排播期和播量

根据历年多次小麦冻害调查发现，冻害减产严重的地块多是使用春性品种且过早播种和播种量过大而引起的。特别是遇到苗期气温较高的年份，麦苗生长较快，群体较大，春性品种易提早拔节，甚至会出现年前拔节的现象，因而难以避过初冬的寒潮袭击。因此，生产上要根据不同品种，选择适当播期，并注意中长期天气预报，暖冬年份适当推迟播种，人为控制小麦生育进程，且结合前茬作物腾茬时间，合理安排播期和播量。

3. 提高整地质量

土壤结构良好、整地质量高的田块冻害轻；土壤结构不良、整地粗糙、土壤翘空或龟裂缝隙大的田块受冻害重。

4. 提高播种质量

平整土地有利于提高播种质量，减少"四籽"（缺籽、深籽、露籽和丛籽）现象，可以降低冻害死苗率。

5. 培育壮苗

苗壮是麦苗安全越冬的基础。适时适量适深播种、培肥土壤、改良土壤性质和结构、施足有机肥和无机肥、合理运筹肥水和播种技术等综合配套技术，是培育壮苗的关键技术措施。实践证明，小麦壮苗越冬，因植株内养分积累多，分蘖节含糖量高，与早旺苗、晚弱苗相比，具有较强的抗寒力，即使遭遇不可避免的冻害，其受害程度也大大低于早旺苗和晚弱苗。由此可见，培育壮苗既是小麦高产的技术措施，又是防灾减损的重要措施。

6. 中耕保墒

霜冻出现前和出现后及时中耕松土，能起到蓄水提温、有效增加分蘖数、弥补主茎损失的作用。冬锄与春锄，既可以消灭杂草，使水肥得以集中利用，减少病虫发生，又能消除板结，疏松土壤，增强土层通气性，提高地温，蓄水保墒。

7. 镇压防冻

对麦田适时、适量镇压，有调节土壤水分、空气、温度的作用，是小麦栽培的一项重要农艺措施。镇压能够破碎土块，踏实土壤，增强土壤毛管作用，提升下层水分，调节耕层孔隙，弥合土壤裂缝，防止冷空气入侵土壤，增大土壤比热容和导热率，平抑地温，增强麦田耐寒、抗冻和抗旱性能，防止暄松冻害，减少越冬死苗。

8. 适时浇好小麦冻水

（1）看温度　日均温 3~7 ℃土壤日消夜冻时浇冻水。过早因气温高蒸发量大，入冬时已失墒过多；过晚或气温低于 3 ℃会造成田间积水，如地面结冻会引起窒息死苗。

（2）看墒情　沙土地土壤相对湿度低于60%、壤土地低于70%、黏土地低于80%时要浇冻水。墒情好的可不浇或少浇。

（3）看苗情　麦苗长势好、底墒足或稍旺的田块可适当晚浇或不浇，防止群体过旺过大。晚茬麦因冬前生长期短苗小且弱，只要底墒尚好也可不浇，但要及时镇压保墒。

（4）要适量　水量不宜过大，一般当天浇完，地面无积水即可，使土壤持水量达到80%。

9. 增施磷、钾肥，做好越冬覆盖

增施磷、钾肥，能增强小麦抗低温能力。"地面盖层草，防冻保水抑杂草"，在小麦越冬时，将粉碎的作物秸秆撒入行间，或撒施暖性农家肥（如土杂肥、厩肥等），可保暖、保墒，保护分蘖节不受冻害，对防止杂草翌春旺长具有良好作用。麦秸、稻草等均可切碎覆盖，覆盖后撒土，以防被大风刮走，开春后，将覆草扒出田外。在弱麦苗田覆盖牛马粪，既能提高地温、保护根部，又能促进根系生长，为翌年春季小麦生长提高肥力。方法：将牛马粪捣细，撒盖在麦苗上面，厚度以2~3厘米为宜。翌年春小麦返青前，结合划锄用竹耙把牛马粪搂到麦垄中间。

（三）冬季冻害发生后的补救措施

在一株小麦中，如果冻死的是主茎和大分蘖，而小分蘖还是青绿的或在大分蘖的基部还有刚刚冒出来的小分蘖的蘖芽，经过肥水促进，这些小分蘖和蘖芽可以生长发育成为能够成穗的有效分蘖，因此，对于发生冻害的麦田不要轻易毁掉，应针对不同的情况分别采取补救措施。

1. 对严重死苗麦田

对于冻害死苗严重、茎蘖数少于每亩20万的麦田，尽可能在早春补种，点片死苗可催芽补种或在行间串种。存活茎蘖数在

每亩 20 万以上且分蘖较均匀的麦田，不要轻易改种，应加强管理，提高分蘖成穗率。对于 3 月才能断定需要翻种的地块，只好改种春棉花、春花生、春甘薯等作物。

2. 对旺苗受冻麦田

对受冻旺苗，应于返青初期用耙子狠搂枯叶，促使麦苗新叶见光，尽快恢复生长。同时，应在日平均气温升至 3 ℃时适当早浇返青水并结合追肥，促进新根新叶长出。虽然主茎死亡较多，但只要及时加强水肥管理，保存活的主茎、大分蘖，促发小分蘖，仍可争取较高产量。

3. 对晚播弱苗受冻麦田

加强对晚播弱麦田的增温防寒工作，如撒施农家肥，保护分蘖节不受冻害。同时，早春不可深松土，以防断根伤苗。

4. 对年前已拔节的麦苗

土壤解冻后，应抓紧晴天进行镇压，控制地上部生长，延缓其幼穗发育并追加土杂肥等，保护分蘖节和幼穗。或结合冬前化学除草喷 1 次甲哌鎓、多效唑或多唑·甲哌鎓，控制基部节间伸长，增强麦株抗寒能力。

5. 及时追施氮素化肥

对主茎和大分蘖已经冻死的麦田，早春要及时追肥。

第一次在田间解冻后即追施速效氮肥，每亩施尿素 10 千克，采取开沟深施的方法，以提高肥效；缺墒麦田尿素要兑水施用；磷素有促进分蘖和促根系生长的作用，缺磷的地块可采取尿素和磷酸二铵混合施用的方法。

第二次在小麦拔节期，结合浇水施用拔节肥，每亩用尿素 10~15 千克。对一般冻害麦田（小麦仅叶片冻枯，没有死蘖现象），早春应及时划锄，以提高地温，促进麦苗返青；在起身期还要追肥浇水，以提高分蘖成穗率。

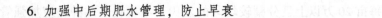

6. 加强中后期肥水管理，防止早衰

受冻麦田由于植株体内的养分消耗较多，后期容易发生早衰，在春季第一次追肥的基础上，应看麦苗生长发育状况，依其需要，在拔节期再追肥 1 次。

二、小麦春季冻害

（一）春季冻害的发生症状

春季冻害，也称晚霜冻害，是指小麦在过了立春节气进入返青至拔节这段时期，因寒潮到来降温，地表温度降到 0 ℃以下所发生的霜冻危害。

在 3—4 月，小麦已先后完成了春化阶段和光照阶段的发育，此时抗寒能力降低，完全丧失了抗御 0 ℃以下低温的能力，当寒潮来临时，夜间晴朗无风，地表层温度骤降到 0 ℃以下，便会发生春季冻害。

发生春季冻害的小麦，叶片似被开水浸泡过，经过太阳光照射后便逐渐干枯。包在茎顶端的幼穗其分生细胞对低温反应比叶细胞敏感。幼穗在不同的发育时期受冻程度有所不同，一般来说，已进入雌雄蕊原基分化期（拔节初期）的易受冻，表现为幼穗萎缩变形，最后干枯；而处在二棱期（起身期）的幼穗，受冻后仍然呈透明晶体状，未被冻死，往往表现出主茎被冻死，分蘖未被冻死，或仅一个穗子部分受冻的情形。有些年份，小麦春季冻害可能不止出现一次，而是出现多次。

（二）春季冻害的预防措施

1. 选种播种

因地制宜选用适合当地气候条件的冬性、半冬性或春性品种，冬小麦不要选择冬性太弱或春性太强的品种，以避免冬前和早春过早穗分化；对于经常发生晚霜冻害的地区，还应搭配耐晚播、拔节较晚而抽穗不晚的小麦品种以减轻霜冻害；因品种的冬、春性，适期播种；采用精量、半精量播种技术。

2. 掌握安全拔节期

小麦拔节前和拔节后在抗寒能力上有质的差别。拔节以后抗寒性明显削弱。因此，安全拔节期是小麦气候学上的一个重要指标。各地在确定品种利用，安排不同品种的适宜播种期以及选育小麦新品种时，都应力求使小麦的拔节期不早于安全拔节期。

安全拔节期的确定，以各地出现终霜期最低气温低于-2 ℃，并以拔节（生物学上的拔节期）10 天后有 90%左右不再受春季冻害的保证率为重要依据，各地可以根据终霜出现在各旬的实际年数，制成表格作为参考，提早动手做好控制早拔节和防御春季冻害的各项准备工作，以求减轻冻害损失。

3. 对生长过旺小麦适度抑制其生长

主要措施是早春镇压和起身期喷施多唑·甲哌鎓。春季对早播过旺麦苗采取蹲苗与拔节前镇压措施，适当压伤主茎和大蘖，镇压的旺长麦田，小麦早春冻害较轻，这是因为对旺苗镇压后，可抑制小麦过快生长发育，避免其早拔节降低抗寒性，因此早春镇压旺苗，是预防春季冻害简便易行的方法。

另外，在小麦起身期喷施多唑·甲哌鎓，既可以适当抑制生长发育、提高抗寒性，又可以抑制基部 3 个节间过度伸长，提高抗倒性。一般每亩用 30~40 毫升多唑·甲哌鎓兑水 30 千克喷雾即可。

4. 降温前浇水

降温前浇水是防御春季冻害最有效措施之一。一般在霜冻出现前 1~3 天进行麦田灌水，可提高地温 1~3 ℃，能显著减轻冻害，具有防霜作用。

其原因：水温比发生霜冻时的土温高，冻前浇水能带来大量热能；土壤水分多，土壤导热能力增强，可从深层较热土层处传来较多热能，缓和地面冷却速度；水的比热容比空气和土壤的比热容大，浇水后能缓和地面温度的变化幅度；浇水后地面空气中水汽增多，在结冰时，可放出潜热来。

有浇灌条件的地区，在拔节至孕穗期，晚霜来临前浇水或叶面喷水，可提高近地面叶片温度，对预防早春冻害有很好的效果。

5. 喷施拮抗剂预防早春冻害

小麦返青前后喷施芸苔素+磷酸二氢钾，能够预防和减轻早春小麦冻害。遭受早春冻害后的补救措施是补肥与浇水。小麦是具有分蘖特性的作物，遭受早春冻害的小麦分蘖不会全部冻死，还有小麦蘖芽可以长成分蘖成穗，因此应立即撒施尿素（每亩10千克）和浇水。因氮素和水分的耦合作用能促进小麦早分蘖和促进小蘖赶大蘖，提高分蘖成穗率，减轻冻害的损失。

（三）早春冻害发生后的补救措施

1. 受冻害严重的麦田不要随意耕翻

生产实践证明，只要分蘖节不冻死，随着气温回升，就会很快长出新的分蘖，仍能获得较好收成。一般不要毁种、刈割或放牧，即使冻死较多，只要及时浇水追肥，都能促使小蘖和分蘖芽迅速萌发，仍有可能获得较好收成，一般都要比毁种的效果更好。农谚有"霜打麦子不可怕，一颗麦子发二叉"的说法。

2. 受冻的黄叶和"死"蘖也不应割去

同位素原子示踪试验表明，小麦受冻后，在一定时期内，冻"死"蘖的根系所吸收的养分可以向未冻死的分蘖转移。保留黄叶和"死"蘖对受冻麦苗恢复生机、增加分蘖成穗有显著促进作用。

3. 清沟理墒

对受冻的小麦，更要降低地下水位，注意养护根系，增强其吸收能力，以保证叶片恢复生长、新分蘖发生及成穗所需养分。

4. 及时施用肥水

对叶片受冻较重、茎秆受冻较轻而幼穗没有冻死的麦田要及时浇水，可避免幼穗脱水致死，有利于麦苗迅速恢复生长，多数能抽穗结实。

对部分幼穗受冻麦田，水肥结合施用，尤以施速效氮肥为佳，每亩追硝酸铵 10~13 千克或碳酸氢铵 20~30 千克，结合浇水、中耕松土，促使受冻麦苗尽快恢复生长。因为遭受冻害折磨的麦苗，体内消耗养分较多，苗势已很弱，随着气温日渐回升，迅速长出新的茎蘖，需要大量养分给予补充，以满足正常生长发育。

5. 加强病虫害防治

小麦遭遇冻害后自身长势衰弱，抗病能力下降，易受病菌侵染，要注意随时根据当地植保部门的测报进行药剂防治。

6. 及时换茬

主茎和大分蘖全部冻死的田块，可以采用强春性品种春播（指南方麦区）或耕翻后播种其他早春作物。

第三节　小麦湿（渍）害

小麦湿（渍）害，是指土壤水分达到饱和，造成空气不足，而对小麦正常生长发育所产生的危害。主要发生在长江中下游平原的稻茬麦田，发生频率比较大，危害严重。

一、湿（渍）害的表现

小麦湿（渍）害的主要表现：受湿（渍）害的小麦根系长期处在土壤水分饱和的缺氧环境下，根系吸收功能减弱，使得植株体内水分反而亏缺，严重时造成脱水凋萎或死亡，因此湿（渍）害又常表现为生理性干旱。小麦从苗期至扬花灌浆期都可受害。

（一）苗期受害

种子根伸展受抑制，次生根显著减少，根系不发达，苗瘦、苗小或种苗霉烂，成苗率低，叶黄，分蘖延迟，分蘖少甚至无分蘖，僵苗不发。

（二）返青至孕穗期受害

小麦根系发育不良，根量少，活力差，黄叶多，植株矮小，茎秆细弱，分蘖减少，成穗率低。

（三）孕穗期受害

小穗小花退化数增加，结实率降低，穗小粒少。

（四）灌浆成熟期受害

根系早衰，叶片光合功能下降，遇有高温气候，蒸腾作用增强，根系从土壤中吸收的水分不足以弥补植株体内水分的缺亏，引起生理性缺水，绿叶减少，植株早枯，功能叶早衰，穗粒数减少，千粒重降低，出现高温高湿逼熟，严重的青枯死亡。

小麦湿（渍）害的敏感期，指在一生中短期逆境使产量锐减的时期。研究指出，敏感期相当于个体发育过程的孕穗期，即始于拔节后15天，终于抽穗期。从产量因素可以看出，孕穗期土壤过湿引起大量小花、小穗败育，使粒数下降最大，不仅造成"库"的减少，粒重也随之降低，表明"源"也受到了限制。

二、小麦湿（渍）害的防治

（一）建立排水系统

"小麦收不收，重在一套沟。"开挖完善田间套沟，田内采用明沟与暗沟（或暗管、暗洞）相结合的办法，排明水降暗渍，千方百计减少耕作层滞水是防止小麦湿（渍）害的主要方法。对长期失修的深沟大渠要进行淤泥疏通，降低地下水位，以利于冬春雨水过多时的排渍，做到田水进沟畅通无阻。

（二）田内开好"三沟"

在田间排水系统健全的基础上，整地播种阶段要做好田内"三沟"（畦沟、腰沟、围沟）的开挖工作，做到深沟高厢，"三沟"配套，沟渠相通，利于排除"三水"。起沟的方式要因地制宜，本着畦沟浅、围沟深的原则，一般"三沟"宽40厘米，畦沟深25厘米，腰沟深30厘米，围沟深35厘米。地下水位高的麦田"三沟"深度要相应增加。畦沟的数量及畦宽要本着有利于排涝和提高土地利用率的原则来确定。为了提高播种质量保证全苗，一般先起沟后播种，播种后及时清沟。如果播种后起沟，沟土要及时撒开，以防覆土过厚影响出苗。出苗以后，在降雨或农事操作后及时清理田沟，保证沟内无积泥积水，沟沟相通，明水（地面水）能排，暗渍（潜层水、地下水）自落。保持适宜的墒情，使土壤含水量达20%~22%，同时能有效降低田间大气的相对湿度，减轻病害发生，促进小麦正常生长。这些措施不仅可以减轻湿（渍）害，而且能够减轻小麦白粉病、纹枯病和赤霉病病害及草害。

（三）选用抗湿（渍）性品种

不同小麦品种间耐湿性差异较大，有些品种在土壤水分过多、氧气不足时，根系仍能正常生长，表现出对缺氧较强的忍耐能力或对氧气需求量较少；有些品种在缺氧老根衰亡时，容易萌发较多的新根，能很快恢复正常生长；有些品种根系长期处于还原物质的毒害之下仍有较强的活力，表现出较强的耐湿（渍）性。因此，选用耐湿（渍）性较强的品种，增强小麦本身的抗湿（渍）性能，是防御湿（渍）害的有效措施。

（四）熟化土壤

前茬作物应以早熟品种为主，收割后要及时翻耕晒垡，切断土壤毛细管，阻止地下水向上输送，增加土壤透气性，为微生物繁殖生长创造良好的环境，促进土壤熟化。有条件的地方夏作物可实行水旱轮作，如水稻改种旱地作物，达到改土培肥、改善土壤环境的目的，减轻或消除湿（渍）害。

（五）适度深耕

深耕能破除坚实的犁底层，促进耕作层水分下渗，降低潜层水，加厚活土层，扩大作物根系的生长范围。深耕应掌握熟土在上、生土在下、不乱土层的原则，做到逐年加深，一般使耕作层深度达到23～33厘米。严防滥耕滥耙，破坏土壤结构，并且与施肥、排水、精耕细作、平整土地相结合，有利于提高小麦播种质量。

（六）中耕松土

稻茬麦田土质黏重板结，地下水容易向上移动，田间湿度大，苗期容易形成僵苗湿（渍）害。降雨后，在排除田间明水的基础上，应及时中耕松土，切断土壤毛细管，阻止地下水向上渗透，改善土壤透气性，促进土壤风化和微生物活动，调节土壤墒情，促进根系发育。

（七）合理施肥

由于湿（渍）害叶片某些营养元素亏缺（主要是氮、磷、钾），碳、氮代谢失调，从而影响小麦光合作用和干物质的积累、运输、分配，以及根系生长发育、根系活力和根群质量，最终影响小麦产量和品质。为此，在施足基肥（有机肥和磷、钾肥）的前提下，当湿（渍）害发生时应及时追施速效氮肥，以补偿氮素的缺乏，延长绿叶面积持续期，增加叶片光合速率，从而减轻湿（渍）害造成的损失。对湿（渍）害较重麦田要做到早施、巧施接力肥，重施拔节孕穗肥，以肥促苗升级。冬季多增施热性有机肥，如渣草肥、猪粪、牛粪、草木灰、人粪尿等。

（八）适当喷施生长调节物质

在湿（渍）害逆境下，小麦体内正常的激素平衡发生改变，产生乙烯。乙烯和脱落酸增加，致使小麦地上部衰老加速。所以在渍水时，可以适当喷施生长调节物质，以延缓衰老进程，减轻湿（渍）害。如可叶面喷施甲哌鎓、黄腐酸、氨基酸水溶肥、海藻精等，也可喷洒芸苔素 10 毫升兑清水 10 升，隔 7~10 天喷 1 次，连喷 2 次。提倡施用稀土纯营养剂，每 50 克兑清水 20~30 升喷施。

（九）护叶防病菌

叶面喷施使植物增强抗寒、抗逆功能的生长调节剂或硼、钼、锌等微量元素肥料以及磷酸二氢钾等。湿（渍）害还易诱发锈病、赤霉病、纹枯病、白粉病等的加重发生，要在加强测报的基础上，及时用药防治。

第四节 小麦倒伏灾害

一、小麦春季倒伏的表现形式

倒伏是影响小麦高产、稳产、优质的重要因素之一。小麦倒伏主要发生在肥水充足、小麦旺长、群体过大、田间郁闭的高产麦田。早春是预防小麦倒伏的关键时期。小麦抽穗前倒伏可减产 30%~40%，灌浆期倒伏减产 20%~30%，乳熟期倒伏，减产 10%左右，倒伏严重时减产可达 50%以上。

（一）从形式上可分为根倒伏和茎倒伏

1. 根倒伏

根在疏松的土层中扎得不牢，一经风吹雨打，就会土沉根歪或平铺于地。

2. 茎倒伏

主要是茎基部节间（多数是基部3节）承受不起上部重量，就会弯曲倾斜或折断后平铺于地。小麦倒伏不仅加快后期功能叶死亡，造成用于灌浆充实的干物质生产量减少，而且由于根系与基部茎秆受伤，吸收能力和输导组织均受影响，光合产物向穗部运输受阻，因而导致小麦粒重降低，对产量影响很大。倒伏表现在后期，潜伏在前期，具有不可挽回性。

（二）从时间上可分早期倒伏和晚期倒伏

在小麦灌浆期前发生的倒伏，称为早期倒伏，由于"头轻"一般都能不同程度地恢复直立。灌浆后期发生的倒伏称为晚期倒伏，由于"头重"不易完全恢复直立，往往只有穗和穗下茎可以抬起头来，要及时采取补救措施减轻倒伏损失。

二、小麦倒伏的预防措施

（一）选用抗倒伏品种

选用抗倒伏品种是防止小麦倒伏的基础，在管理水平跟不上的区域宜选择高产、耐肥、抗倒伏的品种进行推广，各高产品种搭配比例应协调，做到布局合理，达到灾害年份不减产、风调雨顺年份更高产的目的。不宜选择高秆和茎秆细弱的品种。大力提倡小麦精量和半精量播种，以降低倒伏的风险。

（二）提高整地质量

整地质量不好是造成根倒伏的原因之一。因此，要大力推广深耕，加深耕层，高产麦田耕层应达到25厘米以上。近年来秸秆还田成为种麦整地的常规措施，深耕显得更为重要。秸秆还田必须与深耕配套，深耕必须与细耙配套，真正达到秸秆切碎深埋、土壤上虚下实，有利于次生根早发、多发，根系向深层下扎。

（三）采用合理的播种方式

高肥水条件下小麦种植行距应适当放宽，有利于改善株间通风透光条件，促其生长健壮，减少春季分蘖，增加次生根数量，提高小麦抗倒伏能力。高产麦田以 23～25 厘米等行距条播为宜，也可以采取宽窄行播种，宽行 26 厘米、窄行 13 厘米，或宽行 33 厘米、窄行 16.5 厘米等。

（四）精量播种，确定适宜的基本苗数

为了创造各个生育时期的合理群体结构，确定合理的基本苗数是基础环节。基本苗过多或过少，都会给以后各个生育时期形成合理的群体结构带来困难。确定基本苗的主要依据是地力水平高低、品种分蘖力强弱和品种穗子大小。一般原则是高产田、分蘖力强的品种，大穗型品种宜适当低一些，而中低产田、分蘖力弱的品种，多穗型品种则宜适当高一些。目前的高产田、大穗、分蘖力强的品种，每亩成穗 45 万左右，单株成穗 3～3.5 个，每亩基本苗应为 12 万～15 万株；中产田、多穗型品种，每亩成穗 50 万左右，单株成穗 2.5～3.5 个，每亩基本苗应为 14 万～18 万株。随着肥水条件的改善和栽培技术的提高，亩产 500 千克左右的高产麦田，每亩基本苗以 8 万～10 万株为宜。要保证适宜的基本苗，除上述因素外，还要考虑种子发芽率、整地质量与田间出苗率、播种方式等因素。采取机械精量播种技术，不但要保证基本苗数量适宜，同时要求麦苗的田间、行间平面分布要合理。因为播量既定时，不同的行距配置导致每行的麦苗密度不同，而在每行麦苗密度已定时，不同的行距配置导致单位面积的麦苗密度

不同。

（五）科学施肥浇水

在施肥上重施有机肥，轻施化肥，有利于防止倒伏。高产冬麦田一定要及时浇好冻水、拔节水、灌浆水，一般不浇返青水和麦黄水。春季返青起身期以控为主，控制肥水，到小麦倒 2 叶露尖，拔节后再浇水，酌情追肥。千方百计缩短基部节间长度，第一节间长 4.5~5.7 厘米，第二节间长 7.6~8.5 厘米的较抗倒伏。后期如需浇水，一定要根据天气预报，掌握风雨前不浇、有风雨停浇的原则。

春麦田凡生长偏旺、群体较大、有倒伏趋势的要严格控制追施氮肥，增施钾肥，亩施氯化钾 3~5 千克。拔节至孕穗期，根据苗情长势，每亩追施尿素 4~5 千克，或含氮、磷、钾各 15% 的三元复合肥 10~15 千克，以增加穗粒数和粒重。

（六）深锄断根

深中耕是控制群体、预防倒伏的重要措施，对群体大、有旺长趋势的麦田，在起身前后深中耕 8~10 厘米，切断浮根，抑制小分蘖，促主茎和大分蘖生长，加速两极分化，推迟封垄期，促植株健壮生长。

（七）适当镇压

对群体较大、植株较高的麦田，除控制返青肥水和深中耕外，起身后拔节前还要进行镇压，以促根系下扎，增粗茎基部节间和降低株高。镇压视旺长程度进行 1~3 次，每次间隔 5 天左右，镇压时还应掌握"地湿、早晨、阴天"三不压的原则。对密度大、长势旺、有倒伏危险的麦田，应及早疏苗，或耙糖 1~2 次，疏掉部分麦苗，后浇 1 次稀粪水。

（八）加强中后期管理

如果小麦拔节后基部茎秆，特别是第一、第二节间较长，茎壁较薄，发育较差，将导致小麦植株重心上移，中后期发生倒伏的风险增大。农谚说："谷倒一把糠，麦倒一把草。"小麦如果发生倒伏，不仅减产，还会带来难以机械收获、贪青晚熟等一系列麻烦。因此，小麦中后期田间管理应针对性采取以下有效措施加以应对。

1. 慎重浇水防止倒伏

小麦拔节以后生长发育旺盛，需水需肥也旺盛。尤其是孕穗到抽穗期是小麦需水的临界期，受旱对产量影响最大。开花至成熟期的耗水量占整个生育期耗水总量的1/4。所以，要因地制宜适时浇好挑旗扬花水或灌浆水，以保证小麦生理用水，同时还可抵御干热风危害。但是浇水应特别注意天气，不要在风天、雨天浇水，还要依据土壤质地掌握好灌水量，以防发生倒伏。

2. 慎重施肥防止晚熟

拔节以后，一般可通过叶面喷肥来补充小麦对肥料的需求。选肥施肥原则是既要防早衰又要防贪青。特别是晚播小麦，只要不是叶片发黄缺氮或是强筋专用小麦品种，后期不要喷施含氮的氨基酸、尿素等叶面肥，应当喷施磷、钾肥和中微量元素肥料，目的是要及早预防小麦贪青晚熟。一般可用磷酸二氢钾，并添加防病治虫的适宜药剂和芸苔素内酯等生长调节剂，兑水配制成复配溶液，"一喷三防"2~3次。市场上常有仿磷酸二氢钾，实际上是三元复合肥，含有氮肥，选购使用时要注意。

3. 及早搞好"一喷三防"

做到应变适时、早防早控，防患于未然。若暖冬病虫越冬基数较高，易造成小麦病虫害偏重、提早发生，预计麦穗蚜、螨类、吸浆虫、赤霉病、白粉病可能偏重流行。因此"一喷三防"应根据田间病虫实际发生情况，可提早在扬花前开始。注意喷洒均匀防药害；严格遵守农药使用安全操作规程，做好人员防护，

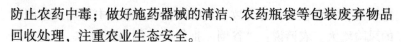

防止农药中毒；做好施药器械的清洁、农药瓶袋等包装废弃物品回收处理，注重农业生态安全。

（九）化学控制

1. 喷施多效唑

对群体大、长势旺的麦田或植株较高的品种，在小麦起身期，每亩喷洒 25%多效唑悬浮剂 15 克，兑水 30 千克喷雾，可使植株矮化，缩短基部节间，降低植株高度，提高根系活力，抗倒伏能力增强，并能兼治小麦白粉病和提高植株对氮素的吸收利用率。

2. 施用烯效唑

烯效唑是一种新型高效植物生长调节剂，其生物活性比多效唑高 6~10 倍。在小麦上施用，可以防止高密度、高肥水条件下的植株倒伏，并有减少不孕穗和提高千粒重的作用；据试验，在未遇风、不倒伏的情况下，施用烯效唑的小麦比对照平均增产15.4%。施用方法：在小麦拔节前一周内，亩喷 30~40 毫克/千克烯效唑溶液 50 千克。

3. 喷施矮壮素

对群体大、长势旺的麦田，在拔节初期亩喷 0.15%~0.3%矮壮素溶液 50~75 千克，可有效地抑制节间伸长，使植株矮化，茎基部粗硬，从而防止倒伏。

4. 喷施甲哌鎓

在拔节期每亩用甲哌鎓 15~20 毫升，兑水 50~60 升叶面喷洒，可抑制节间伸长，防止后期倒伏，使产量增加 10%~20%。

（十）防病治虫

推广化学防控措施，对小麦病虫等采取预防为主、综合防治的措施。特别要及时防治小麦纹枯病，在播种时用药剂拌种，2月下旬至 3 月上旬是防治纹枯病的关键时期，一旦达到防治指标，及时喷药，增加小麦抗逆性和抗倒伏能力。

三、小麦倒伏发生后的补救措施

通常在小麦灌浆期前发生的早期倒伏，一般都能不同程度地恢复直立，而灌浆后期发生的晚期倒伏，由于小麦"头重"不易恢复直立，往往只有穗和穗下茎可以抬起头来。应及时采取措施加以补救。

（一）小麦倒伏后不要人工扶直倒伏小麦

当小麦倒伏后，其茎秆就由最旺盛的居间分生组织处向上生长，使倒伏的小麦抬起头来并转向直立，还能保持两片功能叶进行光合作用，反之若人工扶直，则易损伤茎秆和根系，应让其自然恢复生长，这样可将减产损失降至最低。

（二）小麦倒伏后要及时进行叶面喷肥

倒伏后小麦植株抗逆性降低，应及时进行叶面喷肥补充营养，这样可以起到增强小麦植株抗逆性、延长灌浆时间、稳定小麦粒重的作用。一般每亩用磷酸二氢钾 150～200 克加水 50～60 千克进行叶面喷洒，或 16% 的草木灰浸出液 50～60 千克喷洒，以促进小麦生长和灌浆。

（三）加强病虫害防治

如果倒伏后没有病害发生，一般轻度倒伏对产量影响不大，重度倒伏也会有一定的收获，但如不能控制病害的流行蔓延，则会"雪上加霜"，严重减产。及时防治倒伏后带来的各种病虫害，是减轻倒伏损失的一项关键性措施。

第五节　小麦干热风害

干热风害是小麦生育后期经常遇到的气象灾害之一。麦株的芒、穗、叶片和茎秆等部位均可受害。从顶端到基部失水后青枯变白或叶片卷缩萎凋，颖壳变为白色或灰白色，籽粒干瘪，千粒重下降，影响小麦的产量和质量。小麦干热风害无论是南方还是北方，无论是春麦区还是冬麦区均常发生。

一、干热风害的症状

如淮北冬麦区于 4 月底至 5 月底，从小麦开花至灌浆结束，连续出现 6~7 级干热风袭击 19 天，即出现开花高峰期转移、花期缩短、小花败育率增加或灌浆期缩短、灌浆量减少、芒角增大或植株失水严重，造成茎叶青枯逼熟等现象。内蒙古春麦区 6 月 20 日至 7 月 25 日小麦进入抽穗至成熟期，此间 32 ℃以上天气持续 5 天，则发生干热风害。

二、干热风害的防治方法

(一) 合理施肥

提倡施用酵素菌沤制的堆肥，增施有机肥和磷肥，适当控制氮肥用量，合理施肥不仅能保证供给植株所需养分，而且对改良土壤结构、蓄水保墒、抗旱防御干热风起着很大作用。

(二) 深耕

加深耕作层，熟化土壤，使根系深扎，增强抗干热风能力。

(三) 选择抗旱品种

在干热风害经常出现的麦区，应注意选择抗逆性强的早熟品种。冀中南冬小麦产区如冀麦 40 号、邯 6172、石麦 14、石麦 15、石家庄 8 号、藁优 9618、石优 17 等品种抗干热风。

(四) 其他方法

适时早播，培育壮苗，促小麦早抽穗。适时浇好灌浆水、麦黄水，是防御干热风的有效措施。

在小麦拔节至抽穗扬花期，喷洒 6%～10% 的草木灰浸提液 1～2 次，可以增强叶体细胞的吸水力。每亩喷配好的草木灰液 50～60 千克，孕穗至灌浆期喷洒磷酸二氢钾，每亩用量为 150～220 克，兑水 50～60 千克；拔节至穗期也可喷洒增产菌，每亩 50 毫升，兑水 50～60 千克。

在中后期适时浇水可减轻受害。做到以水肥改善麦田小气候，延长灌浆时间，减轻干热风为害。

于小麦拔节至灌浆期喷洒黄腐酸、海藻酸、氨基酸水溶肥，可提高小麦抗旱、抗干热风能力。此外于小麦苗期、返青拔节期、灌浆期各喷 1 次磷酸二氢钾，提高抗干热风能力。

在小麦开花至灌浆期喷洒 0.05% 阿司匹林水溶液（加少许展着剂）1～2 次，可有效地防止干热风引起的早衰，可增产 10%～20%。

第七章　小麦收获与储藏

第一节　小麦适时收获

一、确定收获时期

适时收获是实现颗粒归仓、丰产丰收的保证。

千粒重以蜡熟末期为最高，是收获的最佳期。收获晚，由于籽粒呼吸消耗，千粒重下降。研究表明，推迟收获 6 天，千粒重可减少 0.72 ~ 1.49 克，小麦到完熟期收获，除易落粒折穗造成减产外，仅千粒重下降就可减产 5% 左右。

小麦适宜收获期很短，因此，必须提早做人力、物力、机具等多方面准备，力争在最短的时间内迅速完成收割任务，以防遇雨麦穗发芽。

二、机械收获方式

（一）机械分段收获

先割晒再拾禾脱粒，蜡熟末期进行分段收割，割茬高度 15 ~ 20 厘米，小麦铺 15 厘米左右厚，铺放呈鱼鳞状，与收割的方向成 45° 到 60° 夹角。

（二）联合收获

用谷物联合收割机在小麦田中一次完成收割、脱粒、清选等工序。损失率不得超过3%，破碎率和压扁率不超过1%，清洁率不低于95%。

三、生产废弃物处理

小麦生产的副产品主要包括秸秆、麦糠等，建议加装秸秆切碎喷撒装置，要求粉碎后的麦秸长度≤15厘米，均匀抛撒；或堆制有机肥；或进行秸秆饲料、秸秆气化等综合利用。严禁焚烧、丢弃，防止污染环境。

病虫草害防治过程中使用过的农药瓶、农药袋不得随便丢弃，避免对土壤和水源的二次污染。建立农药瓶、农药袋回收机制，统一销毁或二次利用。

第二节　小麦储藏

一、入库标准

收获后及时烘干或晾晒，绿色小麦入库的质量标准：种子含水量12.5%以下，容重750克/升以上，杂质1.5%以下。

二、粮库质量

绿色小麦粮库符合《绿色食品　储藏运输准则》（NY/T 1056—2021）要求，达到屋面不漏雨，地面不返潮，墙体无裂缝，门窗能密闭，具有坚固、防潮、隔热、通风和密闭等性能。

三、防虫鼠潮措施

（一）防虫措施
在粮堆和表面每1 000千克粮食使用1~2千克辣蓼碎段

防虫。

（二）防鼠措施

粮库外围靠墙设置一定数量的鼠饵盒，内放做成蜡块的诱饵，药物成分为法律法规允许使用于食品工厂灭鼠的药物。粮库出入口和窗户设置挡鼠板或挡鼠网。粮库内每隔15米靠墙设置一个鼠笼，鼠笼中的诱饵不得使用易变质食物，要求使用无污染的鼠饵球。根据需要可增设粘鼠板。

（三）防潮措施

热入仓密闭保管小麦使用的仓房、器材、工具和压盖物均须事先彻底消毒，充分干燥，做到粮热、仓热、工具和器材热，防止"结露"现象发生。聚热缺氧杀虫过程结束后，将小麦进行自然通风或机械通风充分散热祛湿，经常翻动粮面或开沟，防止后熟期间可能引起的水分分层和上层"结顶"现象。

参考文献

林玉柱，马汇泉，苗吉信，2012. 北方小麦病虫草害综合防治 [M]. 北京：中国农业出版社.

马新明，郭国侠，2010. 农作物生产技术（北方本）[M]. 北京：高等教育出版社.

马艳红，王晓凤，毛喜存，2018. 小麦规模生产与病虫草害防治技术 [M]. 北京：中国农业科学技术出版社.

王金华，2018. 粮油作物栽培技术 [M]. 成都：电子科技大学出版社.

杨雄，王迪轩，何永梅，2020. 小麦优质高产问答 [M]. 2版. 北京：化学工业出版社.

杨英茹，车艳芳，2014. 现代小麦种植与病虫害防治技术 [M]. 石家庄：河北科学技术出版社.

尹钧，韩燕来，孙炳剑，2019. 图说小麦生长异常及诊治 [M]. 北京：中国农业出版社.

赵广才，2017. 小麦优质高产栽培理论与技术 [M]. 北京：中国农业科学技术出版社.

郑义，2017. 优质小麦生产技术指导手册 [M]. 郑州：中原农民出版社.